L'AMATEUR DE PAPILLONS

DU MÊME AUTEUR

L'Aquarium d'eau douce et ses habitants, animaux et végétaux. 1 vol. in-18 jésus de 350 pages et 228 figures. (*Bibliothèque des connaissances utiles*, Paris, 1893.)

L'Amateur de coléoptères. Guide pour la chasse, la préparation
et la conservation, 1 vol. in-18 jésus, de 350 pages et 217 fig.
(*Bibliothèque des connaissances utiles*, Paris, 1894.)

La Destruction des animaux nuisibles, sous presse.

Les Mollusques. Introduction à l'étude de leur anatomie, développement, classification, principaux types et affinités. 1er Fascicule : Acéphales, Scaphopodes. Amphineures. — 2e Fascicule :
Gastéropodes. — 3e Fascicule : Ptéropodes. Céphalopodes, 1 vol.
in-8 de 260 pages et 342 figures, Paris, 1892.

La Vie dans les mers, 1 vol. de 190 pages et 70 figures. (*Bibl.
utile*, Paris. 1893.)

Les Parfums, 1 broch. de 35 p. H Gautier, édit., Paris, 1894.

Le Collectionneur d'insectes, 1 broch. de 35 pages Paris, 1895.

Sur l'élimination des matières étrangères chez les acéphales et
particulièrement chez la pholade. (*Comptes rendus de l'Ac.
des sc.*, 1893).

Sur le pouvoir absorbant des graines. (*Soc. bot. de France*, 1893.)

Sur l'origine de la zygomorphie. (*Le Naturaliste*, 1893.)

Sur l'eau libre dans les graines gonflées (*Soc. bot. de France*,
Paris, 189).

Sur la dessiccation naturelle des graines (*Comptes rendus de
l'Ac. des sc.*, Paris, 1893).

Sur l'alimentation de deux commensaux (*Comptes rendus de
l'Ac. des sc.*, 1894).

Articles scientifiques dans l'*Illustration*, la *Revue Encyclopédique*, la *Nature*, la *Science moderne*, le *Monde illustré*,
le *Bulletin des sciences naturelles*, le *Naturaliste*, la *Science
illustrée*, l'*Ami des sciences naturelles*, etc.

Lyon. — Imp. Pitrat Aîné, A. Rey Successeur, 4, rue Gentil. — 9202

HENRI COUPIN

Préparateur d'Histologie zoologique à la Sorbonne
Licencié ès Sciences naturelles et ès Sciences physiques

L'AMATEUR
D
PAPILLONS

GUIDE
POUR LA CHASSE, LA PRÉPARATION ET LA CONSERVATION

Avec 246 figures intercalées dans le texte

LES PAPILLONS EN GÉNÉRAL
Organisation. — Biologie. — Classification. — Habitat.
Les Chenilles. — Les Chrysalides.
ÉQUIPEMENT DU CHASSEUR
CHASSE
Aux papillons adultes, aux chenilles, sur les plantes basses,
sur les arbres, dans les fruits et les graines, dans la maison.
ÉLEVAGE DES CHENILLES
CHASSE AUX CHRYSALIDES, RÉCOLTE
DES ŒUFS
PRÉPARATION ET RANGEMENT
EN COLLECTION

PARIS
LIBRAIRIE J.-B. BAILLIÈRE ET FILS
Rue Hautefeuille, 19, près du boulevard Saint-Germain.

1895

PRÉFACE

Le succès obtenu par notre précédent ouvrage, *l'Amateur de Coléoptères*, nous a engagé à en publier un analogue sur les papillons ; conçu dans le même esprit pratique, nous espérons qu'il recevra un accueil aussi favorable.

Après un coup d'œil général sur l'*organisation des papillons*, au cours duquel on trouvera un long passage sur le *mimétisme*, nous traitons de la *classification* et des *habitats* de ces jolis pastels aériens.

Tout de suite après, nous entrons dans le vif de

la question en traitant de la manière de chasser *les papillons adultes*, et en décrivant les engins que l'on peut employer à cette récolte.

Ensuite, nous abordons la récolte des *chenilles*, question assez complexe, en raison des habitats variés de ces larves.

C'est ainsi que nous passons en revue la chasse des chenilles sur les plantes basses, la chasse aux chenilles sociales, la chasse sur les arbres, la chasse aux chenilles rouleuses de feuilles, la chasse aux chenilles mineuses, la chasse aux chenilles vivant dans les fruits et les graines, la chasse aux chenilles dissimulées, la chasse aux chenilles aquatiques, la chasse dans la maison.

On voit par cette énumération combien ces modes de récolte sont variés ; ils n'en sont que plus intéressants pour le collectionneur.

Nous donnons des renseignements pratiques sur l'élevage des chenilles.

La chasse des *chrysalides* et la récolte des

œufs font l'objet de deux chapitres, contenant des détails circonstanciés sur les endroits où on les trouve, et les diverses formes sous lesquelles ils se présentent.

Enfin, nous terminons par des renseignements très complets sur la manière d'*apprêter les papillons et les chenilles* et de les *mettre en collection*.

De nombreuses et très belles figures illustrent le texte et l'éclairent agréablement : *utile dulci*.

Henri COUPIN.

Paris, décembre 1894.

L'AMATEUR DE PAPILLONS

CHAPITRE PREMIER

LES PAPILLONS EN GÉNÉRAL

Les joies du chasseur de Papillons. — Définition des Papillons.
— Tête. — Bouche. — Pièces buccales. — Thorax. —
Ailes. — Ecailles. — Pattes. — Abdomen. — Couleur. —
Mimétisme. — Polymorphisme. — Différences sexuelles. —
Hermaphroditisme. — Hybrides. — Parthénogénèse. —
Tératologie. — Accouplement. — Ponte.

Les Papillons (fig. 1 à 7) partagent avec les Plantes
et les Coléoptères[1] le privilège rare d'intéresser à la
fois les savants et les gens du monde, depuis les
enfants jusqu'aux grandes personnes. Cette faveur
est d'ailleurs toute méritée par l'élégance de leur
forme et l'éclat de leur couleur. La difficulté même
de leur récolte et de leur préparation ajoute un

[1] Voy. H. Coupin, *L'Amateur de Coléoptères*, Paris, 1894.

charme et un attrait de plus à la possession des espèces, et leur donne une plus grande valeur.

En effet, beaucoup de personnes, de par leurs occupations, ne peuvent aller à la campagne qu'une fois par semaine.

Si, comme le font tant de gens, ils se contentent d'aller manger une friture à Meudon ou de prendre un bain de soleil sur le plateau de Gravelle, le plaisir ne dure qu'un jour et combien il est vite passé!

Au contraire, supposons que notre homme ait du goût pour l'entomologie. Toute la journée du dimanche, il court par forêts et par plaines, récolte moult papillons, moult chenilles, moult chrysalides, et se donne ainsi un but à sa promenade hygiénique. Admettons, ce qui d'ailleurs n'est pas prouvé, que les plaisirs qu'il éprouve dans cette journée ne sont pas supérieurs à ceux du personnage dont nous parlons plus haut.

Mais, c'est le lendemain et les jours suivants qu'il prend sa revanche! Etaler les papillons, élever les chenilles, voir éclore des chrysalides, déterminer les espèces, les mettre en collection, voilà de quoi occuper largement toutes les soirées et reposer du labeur de la journée. C'est étonnant comme les souvenirs s'accrochent facilement aux objets que l'on a récoltés soi-même.

Il me suffit de prendre un insecte, dans ma collec-

Fig. 1 à 3. — Quelques Papillons.
1, Hespérie comma; 2, *Nemeobius Lucina*; 3, Nymphale
du Peuplier.

tion, pour revoir la plupart des scènes qui se sont passées à cette époque, au moment de la capture.

La plus petite bestiole, le moins joli des papillons suffit à évoquer en moi toute une série de souvenirs qui, au moins pendant un instant, me font revivre les années écoulées, dépouillées de ce qu'elles ont pu présenter de mauvais pour ne laisser subsister que ce qu'elles ont eu de bon. Vivre de bons souvenirs n'est-ce pas l'idéal de l'existence?

Les plaisirs du collectionneur de papillons ne se bornent donc pas au jour où s'est faite la récolte, mais s'étendent encore à la semaine, à l'année, aux années, à toute la vie entière. Et quand les ennuis et les tracas viennent vous assaillir, votre collection reste pour vous un ami fidèle qui ne trompe jamais, au sein duquel on vient se réfugier, toujours sûr d'y rencontrer le calme et les joies nécessaires au bonheur. La capture d'un insecte que l'on ne possède pas suffit à vous consoler des misères de la vie.

Ce que nous venons de dire n'est qu'une partie de la question. Le plaisir du collectionneur de papillons ne consiste pas seulement en effet à réunir des insectes dans des boîtes vitrées et à savoir leur nom, mais encore à se rendre compte des mœurs des insectes, de leur mode de vie, de leur physiologie, etc. Aux plaisirs « matériels », si j'ose m'exprimer ainsi, il

FIG. 4 à 7. — Quelques Papillons.

4, Polyommate Phléas ; 5, *Lycene adonis;* 6, 7, Polyommate
de la verge d'or, mâle et femelle.

joint les plaisirs intellectuels, source de bonheur iné-
puisable.

Allons, chasseur, le soleil brille. Viens avec moi
chercher le papillon sur les fleurs, la chenille sur
les feuilles, la chrysalide dans la terre. Nous allons
faire une ample moisson de bijoux vivants, qui
feraient pâlir le plus beau joyau.

Définition des papillons. — Les papillons constituent parmi les insectes, l'ordre des Lépidoptères,

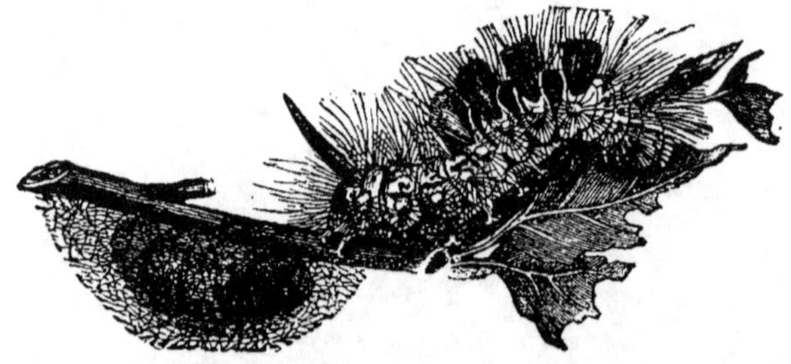

Fig. 8. — Dasychire pudibonde : cocon, chrysalide et chenille.

Fig. 9. — Dasychire pudibonde : adulte.

ce qui veut dire *insectes à ailes farineuses* ; autrefois on les appelait des *Glossates*, par allusion à la
trompe que porte leur bouche.

On peut les définir ainsi : *Insectes à pièces buccales transformées en une trompe roulée en spirale, munis de quatre ailes semblables, en général complètement recouvertes d'écailles, à prothorax soudé et à métamorphoses complètes* (fig. 8 et 9).

Leur aspect extérieur suffit d'ailleurs à les distinguer de tous les autres groupes d'insectes.

Tête. — La tête des papillons est remarquable par sa grosseur et sa grande mobilité.

Elle est recouverte de poils, souvent très serrés les uns contre les autres, et présente latéralement deux gros yeux.

En avant des yeux, on voit deux antennes qui se font remarquer par leur grande longueur ; elles ne sont jamais coudées et toujours formées d'une série d'articles placés les uns à la file des autres. Elles affectent généralement la forme d'un fil ou d'une massue (fig. 10 et 11); quelquefois, elles sont dentées ou pectinées (fig. 12 à 15). Il est à noter que souvent les barbules n'existent que chez les mâles, alors que les femelles ont des antennes filiformes.

Bouche. — Nous devons, à propos des papillons, jeter un coup d'œil sur la bouche des insectes en général.

Pièces buccales. — La bouche des Insectes, ainsi que celle des autres Arthropodes, est garnie de pièces

masticatrices articulées, qui varient énormément
suivant le régime alimentaire. Malgré cette com-

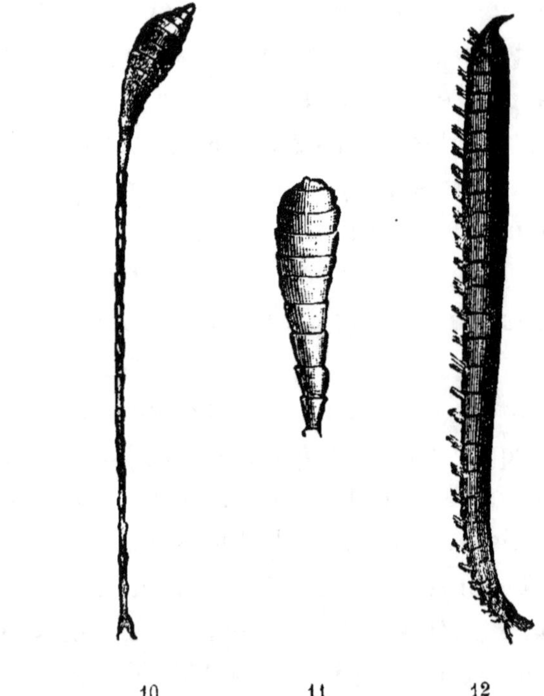

FIG. 10 à 12. — Antennes de différents Lepidoptères rhopalocères
et hétérocères, très grossies.

10, *Vanessa Atalanta*; 11, *Papilio Machaon*;
12, *Macroglossa Stellarum*.

plexité, un naturaliste de beaucoup de valeur, Savi-
gny, démontra que la bouche des insectes était construite sur un seul et même plan. Ce type comprend
six pièces, qui sont d'avant en arrière :

1° Un *labre* ou *lèvre inférieure ;*
2° Deux *mandibules ;*

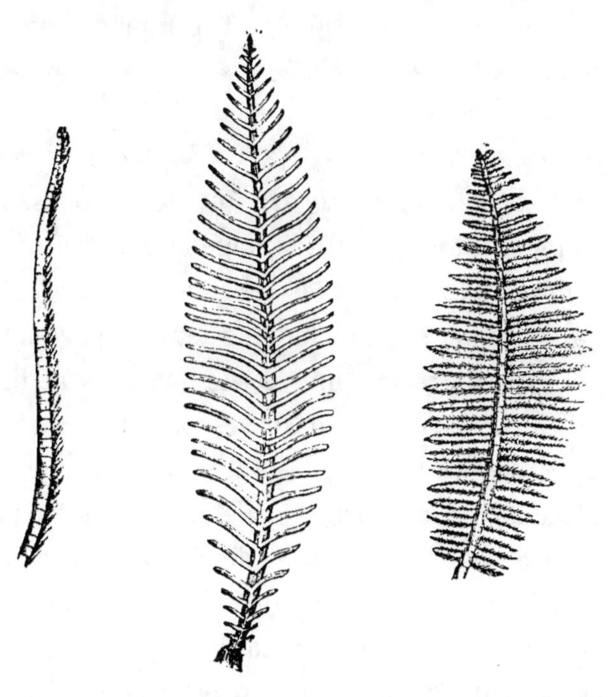

13   14   15

Fig. 13 à 15. — Antennes de différents Lepidoptères rhopalocères
et hétérocères, très grossies.
13, *Sphinx Ligustri* ; 14, *Saturnia Pyri* ;
15, *Saturnia Cecropia.*

3° Deux *mâchoires*, pourvues de *palpes maxil-
laires ;*
4° Un *labium* ou *lèvre supérieure*, pourvu de
palpes labiaux.

1.

Les deux lèvres sont formées chacune par la fusion de deux pièces latérales.

On peut considérer quatre types principaux dans la manière dont ces six pièces se comportent les unes par rapport aux autres.

1° *Type broyeur*. — Les Coléoptères, les Orthoptères et les Névroptères, qui se nourrissent de substances dures, ont une bouche construite sur le type décrit plus haut : les six pièces sont à peu près d'égal volume et ont chacune leur importance. La lèvre supérieure est une petite lamelle médiane, à peine mobile. Les mandibules sont fortes et résistantes, arquées l'une vers l'autre et armées de dents. Les mâchoires sont formées chacune de quatre pièces : une pièce basilaire, portant de dehors en dedans le *palpe*, le *galéa* et *l'intermaxillaire;* cette dernière pièce seule sert à la mastication. Quant à la lèvre inférieure qui vient terminer en bas le cadre qui entoure la bouche, c'est une petite lamelle médiane formée d'une pièce mobile, la *languette* supportée par le *menton*, pièce qui porte latéralement deux *palpes*.

2° *Type lécheur*. — Les Hyménoptères ont une bouche à la fois broyeuse et lécheuse. A cet effet, les pièces buccales sont modifiées de deux façons différentes, dans la partie antérieure et dans la partie postérieure. La labre et les deux mandibules sont

identiques à ce qu'elles étaient chez les insectes
broyeurs proprement dits. Les deux mâchoires se
sont allongées en deux lames grêles, munies de
dents ou de soies, mais où l'on reconnaît encore la
présence de deux palpes. La lèvre inférieure est
encore plus modifiée : c'est une longue tige barbelée
qui sert à l'animal à récolter le nectar des fleurs ;
sur ses côtés, il y a deux forts palpes labiaux.

3° *Type suceur*. — Ce type se rencontre chez
tous les Lépidoptères et chez les Diptères qui ne
piquent pas.

La bouche des papillons (fig. 16 à 22) est, on le sait,
armée d'une longue trompe, que l'animal déroule de
temps à autre pour aller puiser le nectar dans les
corolles. Cette trompe est formée de deux parties
creusées en gouttière sur leur face interne et s'affron-
tant par leur bord ; ce sont deux mâchoires, à la base
desquelles on peut reconnaître la présence de deux
petits palpes. Les autres pièces de la bouche sont
réduites à de petites écailles difficiles à voir ; les
parties les plus importantes de celles-ci sont les
palpes labiaux, que l'on voit à droite et à gauche de
la base de la trompe, et qu'on appelle les *barbillons*.

Chez les Mouches, la trompe est surtout formée
par la lèvre inférieure, plus ou moins soudée avec
les autres pièces.

4° *Type piqueur*. — Chez les Hémiptères, la

lèvre supérieure se transforme en deux gouttières ;

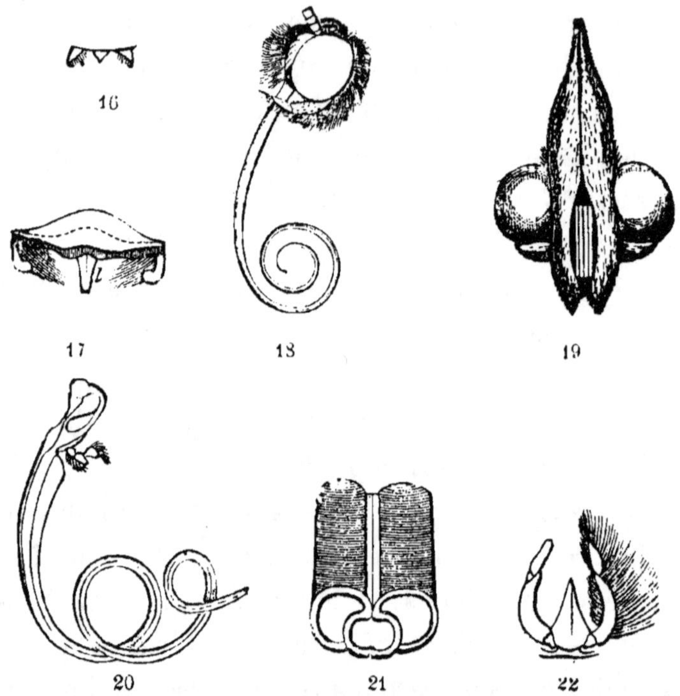

FIG. 16 à 22. — Constitution de la bouche des Lépidoptères.

16, Labre et mandibules rudimentaires de la *Zygœna Scabiosæ* ;
17, Epistome, mandibules et labre du *Deilephila celerio*, vus en
dessous ; 18, Tête de la Zygène de la Scabieuse, vue de profil
montrant la trompe déroulée ; 19, Tête de la *Paphia inachus*,
vue en dessous et montrant la trompe enroulée ; 20, Mâchoire du
même Insecte avec son palpe ; 21, Coupe de la trompe du
Deilephila celerio, vue en dessus, montrant l'accolement des
deux mâchoires ; 22, Lèvre inférieure, très grossie, chez le même
Insecte, avec ses palpes, dont l'un est dénudé.

en s'appliquant l'une sur l'autre, elles délimitent un

Fig. 23. — *Lycene argus* et Coliade citron.

canal dans lequel glisse un certain nombre de stylets, qui ne sont autres que les mandibules et les mâchoires modifiées.

La bouche des papillons est donc essentiellement organisée pour la succion des liquides, soit que, comme la majorité d'entre eux, ils puisent ceux-ci dans les corolles des fleurs, soit que, comme les Lycènes (fig. 23) et les Polyommates, ils lèchent l'eau qui suinte sur la terre humide.

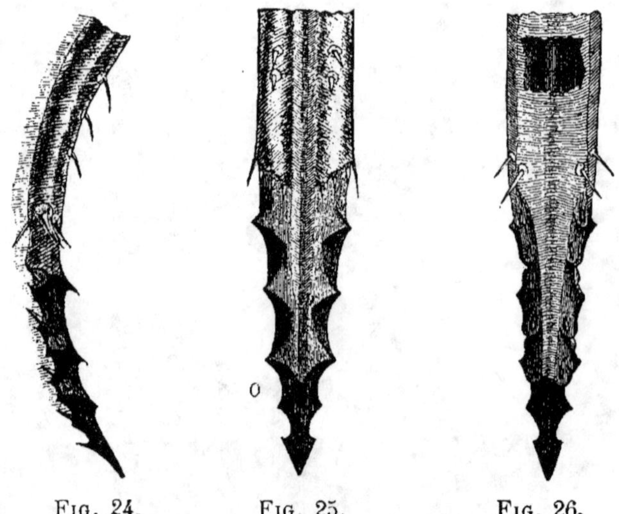

Fᴵɢ. 24.   Fᴵɢ. 25.   Fᴵɢ. 26.

Fᴵɢ. 24 à 26. — Trompe perforante de l'*Ophideres fullonica*.
24, Vue de profil ; 25, Vue en dessous : *o*, ouverture du canal ; *t*, canal interne ; 26, Vue en dessus.

Une exception très remarquable se rencontre dans le genre *Ophideres* d'Australie. Chez ce papil—

lon, la trompe (fig. 24 à 26) est dure, aiguë et pourvue latéralement de dentelures pointues ; il s'en sert pour perforer les bananes et les oranges et puiser ainsi les sucs dont il fait sa nourriture. Par suite, les Ophidères causent aux plantations des dégâts parfois considérables : c'est un des rares exemples de papillons nuisibles à l'état adulte.

La spiritrompe est enroulée sur elle-même à l'état de repos ; elle ne se déploie qu'au moment où l'insecte veut s'en servir : elle atteint alors à peu près la longueur de l'animal.

Chez certains Sphinx, elle peut atteindre deux ou trois fois la longueur totale.

Enfin, elle devient très rudimentaire chez certains Bombyciens, qui ne prennent aucune nourriture à l'état adulte : c'est ce qui arrive par exemple, chez le papillon du Ver à soie, ou Bombyx du mûrier.

Thorax. — Le thorax est, comme chez tous les Insectes, formé de trois anneaux et porte les ailes et les pattes. Tandis que, chez les Coléoptères, une partie est soudée à l'abdomen, ici, les trois anneaux sont réunis en un seul et unique organe, qui porte le nom de *corselet* : c'est lui qui renferme les muscles destinés à faire mouvoir les ailes et les pattes.

C'est au milieu de ce corselet que doit passer l'épingle destinée à fixer le Papillon.

Ailes. — Les ailes sont normalement au nombre

de quatre, les antérieures étant toujours plus grandes et plus développées que les postérieures.

Chez les Rhopalocères, ces ailes sont absolument distinctes les unes des autres.

Fig. 27. — Papillon Protesilaus.

Mais, chez les Hétérocères, sur le bord antérieur de la paire postérieure, il y a des crochets en forme d'hameçon qui la réunissent physiologiquement à la paire antérieure ; les rames aériennes ne sont donc alors qu'au nombre de deux de chaque côté ; la paire postérieure n'a d'ailleurs qu'un rôle accessoire dans le vol : on peut la couper sans nuire à la progression.

Les ailes antérieures sont généralement triangulaires, tandis que les postérieures sont plutôt ovales.

Le bord extérieur de chaque aile est bordé par une frange de petits poils, très serrés les uns contre les autres, qui sont d'une fragilité extrême.

Chez quelques papillons, les ailes postérieures se prolongent en arrière en une sorte de queue (fig. 27).

La plupart des papillons de jour, au repos, tiennent leurs ailes relevées verticalement sur le dos. Au contraire, la plupart des papillons de nuit les tiennent étalées à plat sur l'abdomen (fig. 28).

A noter que, chez les Ptérophoriens, les ailes se fendent en lanières et prennent un aspect plumeux.

Les ailes sont rudimentaires et manquent complètement chez certaines femelles (fig. 29).

Les ailes sont formées d'une membrane mince, renforcée de plus en plus par des nervures saillantes contenant des trachées et des nerfs.

Nous empruntons à Maurice Girard [1] les renseignements qui suivent sur les nervures.

« La nervulation et les cellules des ailes des Lépidoptères sont en grande partie dissimulées par les

[1] Girard, *Les Insectes. Traité élémentaire d'Entomologie*, Paris, 1885.

Fig. 28. — Les Liparines (*Liparis*); 1. La Nonne, *Liparis monacha*, mâle ; — 2 à 5. Femelles dans différentes attitudes; — 6, Amas de cheniles nouvellement écloses. — 7 à 9, Chenilles de divers âges. — 10, Chrysalide.

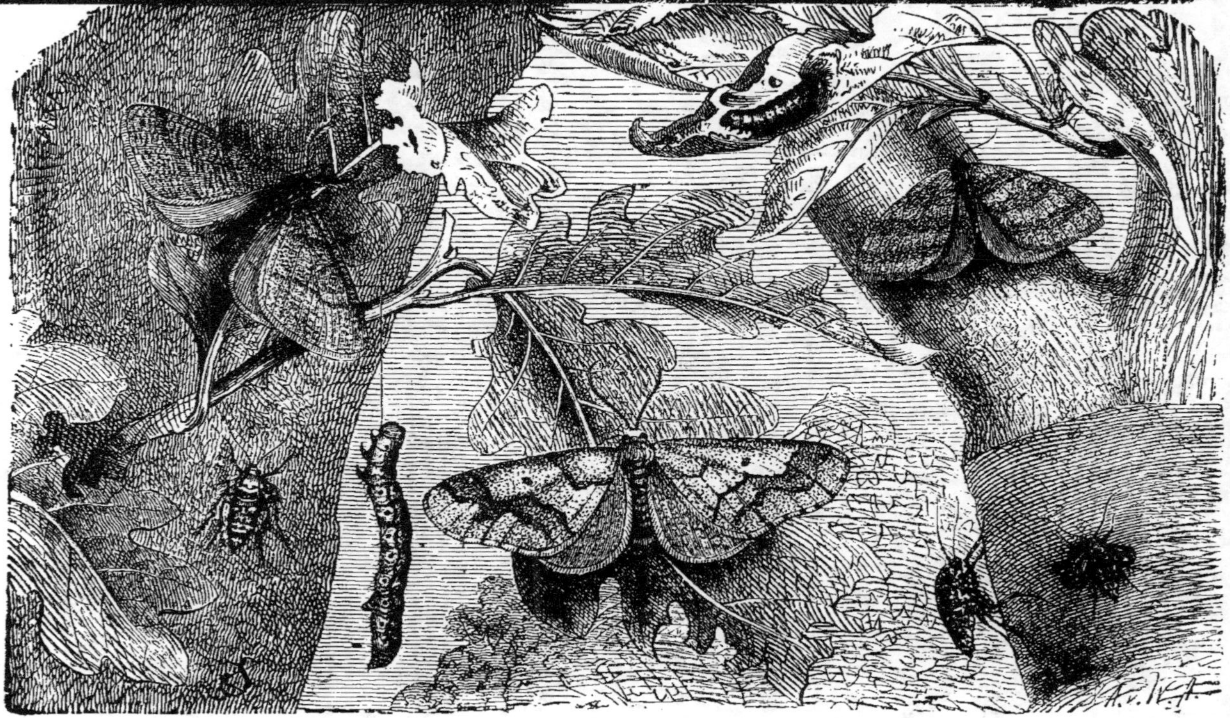

Fig. 29. — Les Phalènes (*Hibernia* et *Cheimatobia*); 1, L'Hibernie défeuillée, mâle; 2, femelle; 3, chenille. — 4, L'Hibernie orangée, mâle; 5, femelle. — 6, La Cheimatobie hiémale, mâle; 7, femelle; 8, chenille.

écailles qui les recouvrent, et il faut enlever celles-ci
pour les rendre visibles. On y parvient, soit en appliquant les ailes sur un papier gommé qui retient les
écailles, comme on le fait pour décalquer ces ailes,
soit, plus simplement, en brossant l'aile avec un
pinceau plus ou moins dur, suivant la résistance
des écailles.

« Il arrive ici malheureusement, comme pour les
autres ordres, que les auteurs n'ont pu se mettre
d'accord pour une nomenclature uniforme : ainsi
Al. Lefebvre, Rambur, le Dr Boisduval, A. Guénée, ne s'accordent pas pour des désignations identiques. Le système le plus simple paraît être celui
de Rambur, modifié par M. P. Mabille.

« L'aile supérieure est traversée par quatre nervures :

« La première suit la côte; c'est la *nervure
simple antérieure*. Elle peut être soudée à la suivante, déviée, très rarement absorbée par le bourrelet costal.

« La seconde nervure est la *nervure composée
antérieure;* elle part presque du même point que la
précédente, et, sur l'extrémité de la cellule, aux deux
tiers de l'aile, elle se divise en rameaux de nombre
variable. Ordinairement il y en a six, trois aboutissant à la côte, les *rameaux costaux,* ou *apicaux,*
ou *supérieurs*, et trois aboutissant au bord externe,

qui sont les *rameaux inférieurs*. Le nombre de
ces rameaux peut varier selon les familles.

« La troisième nervure, ou *composée postérieure,*
traverse à peu près le milieu de l'aile et produit trois
ou quatre rameaux ; c'est le quatrième de ces
rameaux, que Guénée appelle *nervure indépen-
dante.*

« La quatrième nervure est la *simple postérieure ;*
sa direction est variable et n'est modifiée que rarement dans chaque famille. M. P. Mabille compte
tous les rameaux par en bas, considérant la côte
comme la partie antérieure, le haut de l'aile ;

« L'espace compris entre les deux nervures composées, ordinairement jusqu'à la naissance des rameaux, est la *cellule discoïdale*. Cette cellule est
fermée le plus souvent par une petite nervure transversale, à laquelle les auteurs ont attribué beaucoup
d'importance en raison des caractères qu'elle fournit.
Il semble à M. P. Mabille que cette nervure n'ait pas
d'existence propre, et il est porté à la considérer
comme un prolongement de la composée antérieure
et de la composée postérieure : ce sont en effet deux
parties le plus souvent distinctes et qui se soudent
par approche ; mais ordinairement la partie inférieure est la plus faible. Lorsque les deux parties de
cette nervure, qui est connue sous le nom de *disco-
cellulaire* (Guénée) ou de *nervule* (Rambur),

s'affaiblissent ou disparaissent, la cellule est *ouverte*. Quand elles sont soudées l'une à l'autre et sont visibles, au moins à la loupe, la cellule est *fermée*.

« Les plis de l'aile ont une importance relative, mais souvent considérable. Celui qui traverse la cellule discoïdale a été pris par Al. Lefebvre comme point de repère pour compter les nervures et leurs rameaux, d'après le système qu'il avait établi. Ils n'ont heureusement reçu aucun nom, et il est toujours facile de les désigner par le nom du rameau voisin.

« Les nervures de l'aile inférieure se comptent de la même manière; mais elles subissent d'assez graves modifications. La composée antérieure n'émet que trois rameaux, la postérieure peut en avoir quatre. L'espace abdominal, c'est-à-dire la partie de l'aile qui suit le bord abdominal, jusqu'à l'angle anal, peut, dans certains genres, présenter une ou deux nervures simples en plus, que M. P. Mabille nomme *nervures abdominales*, et elles se comptent à partir du bord. Il n'y donc que les deux nervures composées qui se ramifient. Il est très rare de voir les deux autres former une cellule par dédoublement avec un commencement de rameau (Castnies, quelques Phaléniens, etc.).

« Aux ailes supérieures, les rameaux de la composée antérieure peuvent être réunis par des ramifications

transversales, et il se forme ainsi des cellules accessoires complètement fermées. Ces cellules, appelées
aréoles, se voient aussi à la base de quelques autres
nervures ou même sur leur trajet ; l'aréole qui est
placée à l'angle supérieur de la cellule discoïdale,
entre le deuxième et le troisième rameau de la composée antérieure, a été appelée aréole *sus- cellulaire*
ou *accessoire*. Elle se trouve chez les Chélonides,
les Euchélides, les Callimorphes, beaucoup de Noctuelles, certains Phaléniens. Chez les Castnies, il y
a dédoublement de la composée postérieure, qui est
divisée en trois nervures, et il y a trois aréoles ; la
nervure simple postérieure est bifide. Chez les Zeu-
zères, il y a quatre aréoles à l'aile supérieure ; chez
les Attacides *(Attacus Cynthia*, etc.), la disco-cel-
lulaire a disparu, etc. On pourrait multiplier beaucoup ce genre d'exemples. »

Écailles. — Ce sont les écailles qui donnent aux
papillons ces magnifiques couleurs, que tout le monde
admire.

Le papillon, c'est un pastel,

a dit Victor Hugo ; combien juste est cette expres-
sion !

Les écailles, avons-nous dit, sont caractéristiques
des papillons : chez certains d'entre eux, elles
paraissent cependant manquer. Ce n'est là qu'une
apparence, et, en cherchant avec soin, on en trouve

toujours quelques-unes, surtout quand l'animal vient d'éclore.

Les écailles (fig. 30 à 41) sont des poils aplatis ; leur forme est extrêmement variable, mais peut toujours se ramener à une lame aplatie qui s'insère par un très fin pédicule. Ce mode de fixation est extrêmement peu solide et le plus novice des chasseurs de papillons sait avec quelle facilité désespérante la

FIG. 30 à 41. — Écailles diverses des ailes de Lépidoptères
(fac-similé, d'après Bernard Deschamps).

30, Portion de l'aile supérieure de la Vanesse Atalante (le Vulcain), sur laquelle on aperçoit le trait des tuyaux d'implantation des écailles vues comme corps opaques, ainsi qu'une écaille engagée dans son tuyau. La trace des sillons qui sont sur la membrane de l'aile s'y trouve indiquée. Grossissement, 480 ;

31, Portion de l'aile supérieure de la Piéride de la Rave, chargée de ses écailles, entre lesquelles se voient les extrémités frangées des écailles en forme de plumule. Grossissement, 84 ;

32, Écaille en cœur de la Piéride de la Rave (le petit Papillon du Chou). Grossissement, 480 ;

33, Variété de cette écaille ;

34, Écaille de la Piéride de l'Aubépine (le Gazé). Grossissement, 480 ;

35, Écaille de la Piéride Daphdice. Grossissement, 480 ;

36, Écaille de la Piéride Leucippe. Grossissement, 480 ;

37, Écaille de l'Argynne Paphia (Tabac d'Espagne). Grossissement, 300 ;

38, Écaille du Satyre Morea (l'Ariane). Grossissement, 300 ;

39, Écaille du Polyommate Argiolus (l'Argus bleu à bandes brunes). Grossissement, 300 ;

40, Écaille du Polyommate Adonis (l'Argus bleu céleste). Grossissement, 480 ;

41, Écaille extraordinaire du Polyommate Boeticus (le Porte-queue bleu strié). Grossissement, 300.

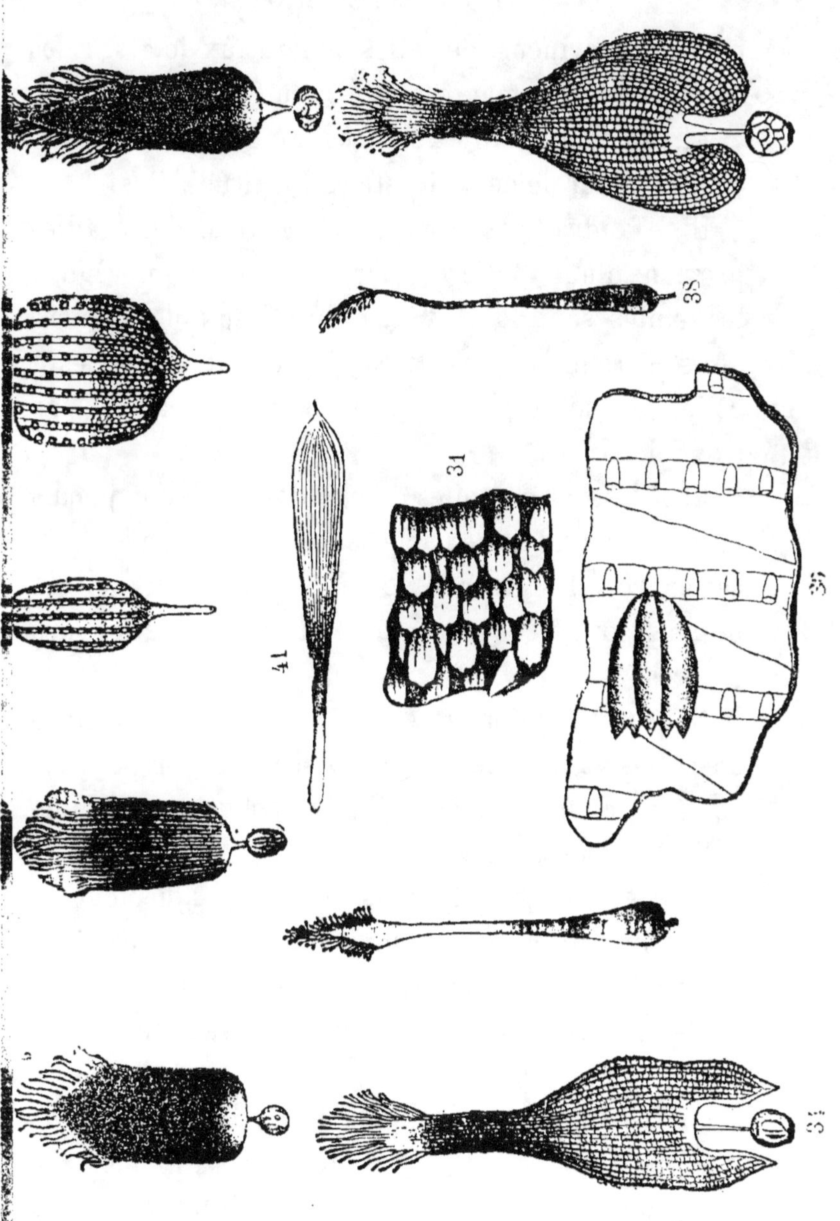

Coupin, L'Amateur de Papillons.

2

poussière farineuse des ailes adhère aux doigts. Elles se recouvrent comme les tuiles d'un toit.

La lame des écailles est très mince ; elle est parcourue généralement de stries longitudinales.

Il ne faudrait pas croire que la couleur des écailles provient d'une matière colorante qui les imprègne : les teintes sont surtout dues aux jeux de lumière qui s'opèrent dans les stries et qui sont analogues à celles des lames minces, des bulles de savon, par exemple.

Les dessins des ailes de papillons ne sont jamais limités par une ligne parfaitement droite, parce qu'à cet endroit, les écailles voisines s'enchevêtrent; ces dessins sont très utiles dans la détermination des espèces.

Nous représentons (fig. 30 à 41) un certain nombre d'écailles vues à un fort grossissement ; on peut les voir, et c'est un très joli spectacle, avec le plus petit des microscopes.

Pattes. — Les papillons volent presque tout le temps ou restent au repos, sans marcher, pendant une partie de la journée; aussi les pattes, chez eux, sont-elles excessivement grêles, souvent terminées par des crochets.

Chez un assez grand nombre de papillons *(Vanessa, Satyrus, Argynnis* (fig. 42), *Limenitis)*, des six pattes normales il n'en reste que quatre, par suite de

1 l'atrophie ou de la disparition complète de la paire

Fig. 42. — L'Argynne Tabac d'Espagne ou Paphia
sur une feuille de ronce.

antérieure : les papillons qui n'ont que ces deux paires
de pattes sont dits *tétrapodes*.

Quand on veut saisir un papillon par les pattes,

ou quand on le pince brusquement, il est fréquent de voir les pattes tomber d'elles-mêmes, comme si elles étaient très fragiles. En réalité, c'est l'animal lui-même qui, pour essayer d'échapper à son ravisseur, s'est cassé les pattes : c'est un phénomène d'*auto-tomie*.

Abdomen. — L'abdomen est formé de sept anneaux. Chaque anneau est renforcé de deux pièces chitineuses, l'une supérieure, l'autre inférieure. La première déborde la seconde, de telle sorte que l'abdomen forme une sorte de gouttière. Les deux pièces chitineuses ne sont pas réunies l'une à l'autre, ce qui permet à l'abdomen de se distendre énormément : c'est ce qui a lieu surtout au moment où les œufs s'accumulent chez la femelle.

Couleur. — La couleur des papillons est caractéristique pour chaque espèce, mais ici, plus que dans tout autre groupe du règne animal, les aberrations sont fréquentes. Les espèces atteintes d'albinisme ou de mélanisme sont fort communes.

La couleur paraît d'ailleurs tenir beaucoup aux influences qui se sont exercées sur la chrysalide et à la nourriture qui a été donnée à la chenille.

C'est ainsi que la *Chelona Caja* a des ailes inférieures brunes, quand on nourrit la chenille avec des feuilles de noyer.

De même, en donnant à la chenille du *Chelonia*

villica des feuilles de Raifort, les ailes inférieures deviennent plus ou moins noires.

Mimétisme. — Dans la lutte pour l'existence, le fameux *struggle for life* de Darwin, les êtres les plus forts et les plus habiles semblent, à première vue, avoir toutes les chances de triompher de leurs ennemis ou de leurs concurrents ; et pourtant il y a bien des espèces faibles et inhabiles qui survivent, il y en a même qui prospèrent. C'est que la force et l'habileté, ces deux facteurs du succès dans les sociétés humaines, ne sont pas, si l'on prend les mots dans leur véritable acception, les seules ressources dont dispose la nature. La multiplicité des espèces qui ont échappé à la destruction est en rapport avec la variété des moyens de protection mis en œuvre par elle.

Parmi les moyens de protection naturels, on désigne aujourd'hui universellement, sous le nom collectif de *mimétisme*, des phénomènes qui se rapportent à cette faculté que possèdent certains êtres vivants d'échapper à leurs ennemis soit par leur ressemblance avec les objets qui les environnent, soit par des apparences extérieures qui les font confondre avec d'autres êtres dangereux, soit enfin par une couleur analogue à celle du milieu où ils se trouvent et qui les dissimule aux regards. Le mot de *mimétisme, mimicry* en anglais, a été créé par Bates pour les animaux qui

copient un autre animal dangereux. Mais aujourd'hui
on lui attribue un sens beaucoup plus large, il s'applique à tout phénomène de mimique protectrice ou
utile à un autre point de vue.

Le mimétisme a surtout été étudié par Bates, Wal-

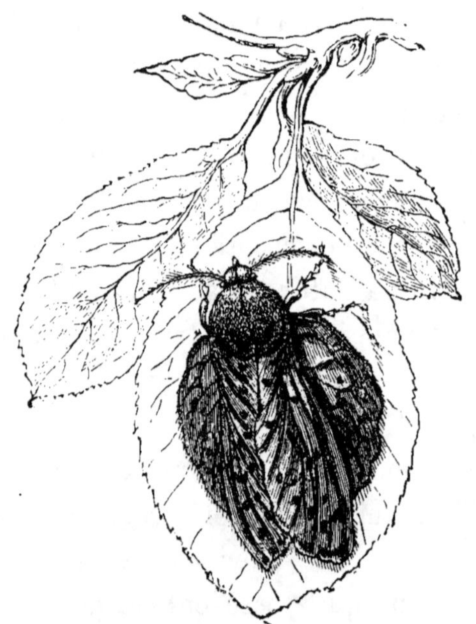

Fig. 43. — Lasiocampe feuille-morte, femelle.

lace, Fritz Müller, Kirby, Spence, Pouchet, Fréde-
rick, Lubbock, etc.[1].

[1] Nous devons faire observer que nous avons à dessein limité
les exemples que nous donnons aux Insectes, et que nous avons
choisi de préférence des Papillons. Voir H. Coupin, *le Mimétisme (Revue Encyclopédique, 1892)*.

Ressemblances avec objets extérieurs — Beaucoup de papillons ressemblent à des feuilles mortes
ou vivantes, soit qu'ils tiennent les ailes étalées,
soit que celles-ci soient relevées sur le dos.

C'est le cas, par exemple, des *Lasiocampa* qui,
pour cette raison, ont reçu le nom de *Feuilles mortes*
(fig. 43).

Les uns ont la couleur des plantes, les autres des
murs, des rochers, des troncs, des lichens, etc.

Phyllie. — L'un des exemples les plus remarquables du mode de défense nous est fourni par un
insecte de l'ordre des Orthoptères, le *Phyllium* ou
Phyllie feuille-sèche (fig. 44), habitant les régions
tropicales. Cet insecte, qui vit sur les arbres, a une
forme aplatie et ovalaire. Les ailes, étalées à plat
sur le dos, figurent absolument une feuille, portant
comme celle-ci, une nervure médiane longitudinale
et des nervures latérales ramifiées et anastomosées.
Lorsque l'animal est posé sur l'arbre, on ne peut,
paraît-il, le distinguer du feuillage.

Callima. — Non moins curieux que la Phyllie est
le *Callima*, papillon de Sumatra (fig. 44). Wallace
qui s'est occupé d'une manière toute spéciale du mimétisme, en donne la description suivante :

« Les ailes sont, en-dessous, d'une riche couleur
pourprée, variée de cendré. En travers des ailes
supérieures s'étale une large bande d'un orangé

éclatant, ce qui rend cette espèce très apparente
quand elle vole. Cette espèce n'est pas rare dans les
bois secs et fourrés, et je me suis souvent efforcé
d'en capturer sans succès ; car après avoir parcouru
en volant une courte distance, le papillon entrait
dans un buisson, parmi les feuilles mortes, et, quel
que fût mon soin à trouver sa place, je ne pouvais
jamais la découvrir, à moins qu'il ne partît à nouveau pour disparaître bientôt dans un endroit semblable. A la fin, je fus assez heureux pour voir
l'endroit exact où s'était posé le papillon ; et, bien
que je l'eusse perdu de vue pendant quelque temps,
je découvris qu'il était fermé devant mes yeux, mais
que, dans cette position de repos, les ailes ainsi
fermées, il ressemblait à une feuille morte attachée à une petite branche, de façon à tromper
certainement même des yeux attentivement fixés sur
lui. J'en ai capturé plusieurs spécimens au vol, et
j'ai été à même de comprendre comment cette mer-
veilleuse ressemblance se produisait. Les ailes supérieures sont terminées à leur extrémité par une fine
pointe exactement comme celle des feuilles de beaucoup d'arbres et d'arbustes des tropiques ; les ailes
inférieures, au contraire, sont plus larges et terminées par une queue large et courte.

« Entre ces deux pointes court une ligne courbe et
sombre, qui représente exactement la nervure mé-

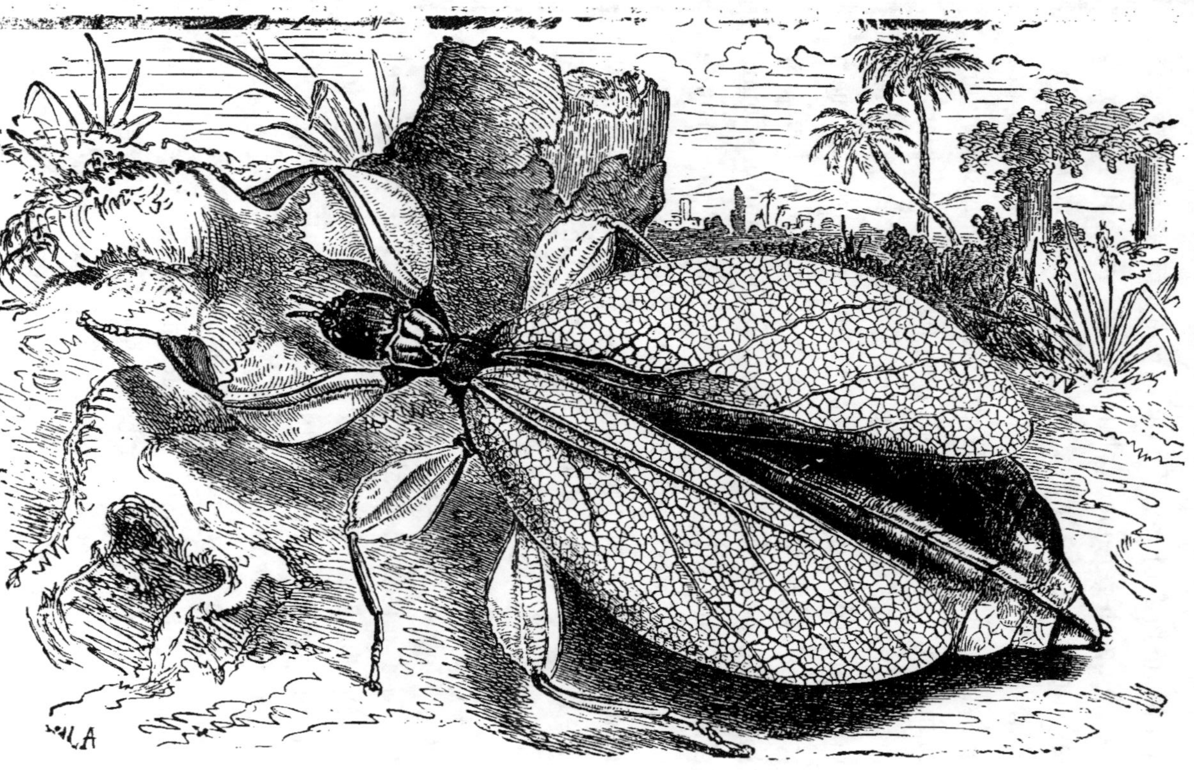

Fig. 44. — Phyllie feuille-sèche.

diane de la feuille, et d'où rayonnent de chaque côté
des lignes légèrement obliques qui imitent fort bien
les nervures latérales. Ces lignes se voient plus
clairement sur la partie externe de la base des
ailes, et sur le côté interne vers le sommet et vers
le milieu. Elles sont produites par des stries et des
marques très communes chez des espèces voisines,
mais qui sont modifiées et renforcées, de manière à
imiter plus exactement la nervulation des feuilles.
La teinte de la face inférieure varie beaucoup, mais
elle est toujours de couleur grisâtre ou rouge
comme celle des feuilles mortes. Cette espèce a l'habitude de rester toujours sur une petite branche, sur
des feuilles mortes ou roulées, et, dans cette position, les ailes fermées et pressées l'une contre l'autre, elle présente exactement l'aspect d'une feuille
de grandeur ordinaire, légèrement arrondie et dentée. La queue des ailes forme une tige parfaite et
touche la branche, pendant que l'insecte est sup-
porté par les parties du milieu que l'on ne peut
remarquer parmi les brindilles qui l'entourent. La
tête et les antennes sont disposées entre les ailes de
façon à être cachées complètement ; et une petite
entaille, pratiquée à la base des ailes, permet à la
tête de se retirer suffisamment. Ces divers détails se
combinent pour produire un déguisement si complet
et si merveilleux, que tous ceux qui l'observent en

sont étonnés et les habitudes de l'insecte sont telles, qu'elles utilisent toutes ces particularités en les rendant profitables, et cela de manière à ne laisser aucun doute sur ce singulier cas d'imitation qui est certainement une protection pour l'insecte. La fuite rapide est suffisante pour le sauver des ennemis qu'il rencontre dans son vol, mais s'il était aussi visible lorsqu'il s'arrête, il n'échapperait pas longtemps à la destruction à cause des attaques des reptiles et des oiseaux insectivores qui abondent dans les forêts des tropiques. »

Personne ne pourra nier, après cette description, que le mimétisme du *Callima* ne soit grandement favorable à sa conservation.

Chenille arpenteuse. — Cette ressemblance entre les ailes et les feuilles se rencontre aussi d'une manière très évidente chez les *Ptérochroses*.

Dans nos pays, on trouve fréquemment, sur les buissons, une chenille de couleur brune, munie de pattes seulement à l'extrémité antérieure (vraies pattes), et à l'extrémité postérieure (pattes membraneuses). Lorsqu'elle marche, cette chenille se fixe par les pattes de devant, et, recourbant son corps elle amène près de celles-ci ses pattes de derrière. Les pattes membraneuses s'accrochent au support; le corps s'allonge et va de nouveau fixer un peu plus loin ses pattes antérieures pour recommencer le même manège. La chenille a ainsi l'air de mesurer le terrain qu'elle parcourt ; c'est pour cela qu'on lui a donné le nom de *chenille arpenteuse*[1]. Vient-on à secouer légèrement la branche où se trouve une de ces chenilles, aussitôt celle-ci se campe solidement sur ses pattes postérieures, et, raidissant son corps, elle le dirige obliquement par rapport à la branche et reste immobile. A la voir ainsi dressée, on la prendrait absolument pour une petite branche ; ses ennemis s'y trompent certainement, car la ressemblance est parfois si grande que, même lorsqu'on connaît la présence de la chenille, il est difficile de la découvrir.

Bacillus. — Un autre insecte assez commun dans les bois du Midi et de la Beauce, le *Bacillus gallicus*, dont le corps est allongé, cylindrique et pourvu de longues pattes grêles, présente un phénomène analogue. Lorsqu'il entend du bruit, il reste immobile et figure à s'y méprendre un morceau de bois desséché (fig. 45).

Papillons de nuit. — Les papillons de nuit vivent pendant le jour accrochés aux écorces des arbres. On sait que la teinte des ailes étalées de ces insectes est toujours de couleur brune, comme celle des écorces, et que de plus elles présentent comme elles des marbrures plus ou moins nettes.

---

[1] Voyez, p. 118, Amphidasis ou Phalène des Bouleaux.

Les exemples analogues abondent : citons encore

Fig. 45. — Bacille de Rossi.

Gastropaca Quercifolia qui ressemblent à des

feuilles mortes, les papillons appelés *Lichénés* qui ressemblent aux lichens sur lesquels ils sont posés, les *Cryptorynchus* du Brésil, qui figurent les bourgeons des plantes sur lesquels on les trouve, le *Chlamys*, que l'on prendrait pour des graines, etc.

Ressemblances avec des êtres dangereux. — Une autre série de faits relatifs au mimétisme nous est fournie par des êtres inoffensifs ayant l'aspect d'un autre être dangereux. Ce sont là les exemples les plus frappants du mimétisme, car les êtres qui se miment ainsi sont souvent d'une organisation très différente de ceux dont ils prennent le masque.

De plus, ce n'est pas là seulement une ressemblance fortuite comme on pourrait en trouver entre des êtres pris en des points différents du globe, car les mêmes espèces dont il s'agit ici habitent les mêmes régions et souvent partagent la même vie.

Il y a en outre ce fait général que l'espèce-copie est toujours moins abondante que l'espèce dangereuse.

Il est de toute évidence que les êtres inoffensifs bénéficient de la crainte ou de la répulsion qu'inspirent dans le même lieu les espèces qu'ils imitent.

Héliconides et *Leptalidés*. — Dans l'Amérique du Nord, existe un magnifique Papillon de jour, du groupe des Héliconides : c'est l'*Ithomia Ilerdina*.

Ce papillon a de grandes ailes décorées de brillantes couleurs, mais il exhale une odeur repoussante provenant d'une liqueur fétide qui suinte de son corps.

Par suite, le goût de sa chair doit être très désagréable ; et les oiseaux connaissent sans doute cette particularité, car ils ne s'attaquent jamais à lui : on chercherait vainement dans les forêts des débris de ce papillon.

Dans les mêmes forêts existent aussi d'autres papillons, appartenant à un groupe très différent, celui des Leptalidés *(Leptalis theonoe)*. Les premiers possèdent trois paires de pattes, tandis que les seconds n'en ont que deux paires bien développées ; mais, malgré cette différence anatomique, et quelques autres assez peu importantes, leur ressemblance extérieure est tellement remarquable qu'elle a trompé au début des naturalistes cependant très exercés, tels que Wallace et Bates qui confondirent pendant quelque temps les espèces des deux groupes. Or, les Leptalidés n'exhalent aucune odeur répugnante et, à cause de leurs couleurs brillantes, deviendraient bientôt la proie des oiseaux. Grâce à leur ressemblance si remarquable avec les Héliconides, ils sont dédaignés par les oiseaux qui ne peuvent établir la distinction.

D'autres fois, c'est l'un des sexes seulement qui est mimé ; ainsi le *Diadema missippus* femelle est fétide comme le *Danaïs chrysippus;* le mâle ne l'est nullement.

Et l'on voit que c'est précisément le sexe le plus utile à la conservation de l'espèce qui est pourvu de protection : le mâle, une fois son rôle rempli, peut mourir ; la femelle doit, au contraire, subsister pour laisser mûrir les œufs et effectuer la ponte.

Un insecte orthoptère de nos pays, le *Condiglodera trichondyloïde* est inoffensif, mais ressemble à un insecte coléoptère très carnassier, la Cicindèle, dont il partage l'habitat dans les terrains sablonneux d'une bonne exposition au soleil.

FIG. 46. — Sésie apiforme.   FIG. 47. — Guêpe frelon.

Papillons et *Abeilles.* — Dans nos régions on rencontre aussi un grand nombre de papillons, en particulier du genre *Sesia* (fig. 46), qui ressemblent d'une manière étonnante à des *Abeilles* ou à des *Guêpes* (fig. 47). Or, on sait que ces derniers ani—

maux sont pourvus d'un dard acéré, qui est une arme redoutable pour leurs ennemis, tandis que les papillons ne possèdent aucune défense. Lorsque les Sésies volent ou s'arrêtent pour butiner le nectar des fleurs il est bien difficile de savoir si l'on a affaire à un porte-aiguillon ou à un simple lépidoptère à trompe. Et ce n'est pas sans précaution, qu'un naturaliste même expérimenté les saisira avec les doigts.

Eristale et *Abeilles*. — De même, les Mouches du genre *Eristale* abondantes en été sur les fleurs ressemblent à s'y méprendre à des Abeilles et bénéficient sans aucun doute de la terreur que celles-ci inspirent à leurs ennemis, grâce à l'aiguillon dangereux dont elles sont pourvues.

Volucelles et *Bourdons*. — Le cas de mimétisme le plus remarquable par son utilité est peut-être celui des Mouches du genre *Volucelle*, qui ressemblent tellement aux *Bourdons*, au milieu desquels elles vivent que ceux-ci les prennent pour des insectes de la même espèce et se laissent duper par eux. Les Volucelles, en effet, sous le couvert de leur déguisement, pénètrent dans les nids des Bourdons sans être reconnues et déposent leurs œufs au milieu des provisions que les Bourdons accumulent pour leur progéniture. Un peu plus tard les larves des Mouches sortent et profitent de cette nourriture, aux dépens des jeunes larves de Bourdons qui en sont les légitimes propriétaires.

Beaucoup de Coléoptères du groupe des *Longicornes* ressemblent soit à des *Téléphores* ou à des *Hispa*, qui sécrètent des liquides repoussants pour les oiseaux, soit à des *Charançons* à enveloppe coriace, soit à des Punaises odorantes, soit à des *Hyménoptères* à dard venimeux.

Le savant Bates raconte qu'au Brésil une grande chenille lui causa une certaine frayeur à cause de sa ressemblance avec la tête d'un serpent venimeux.

Araignées. — Le fait suivant, récemment découvert par M. Heckel, de Marseille, n'est pas moins caractéristique.

« Il s'agit d'une Araignée qui est abondante dans le sud de la France et qui a coutume de fréquenter les fleurs de liseron *(Convolvulus arvensis)*. Cette Araignée, le *Thomisus venustus*, se place tantôt à l'intérieur de la fleur au fond de la corolle, tantôt à l'extérieur au point où la corolle et le calice sont en contact et elle y livre une chasse assidue aux insectes qui fréquentent le liseron, particulièrement à deux Diptères. Le liseron présente trois variétés sensiblement différentes par la couleur, et à ces trois variétés correspondent trois variétés de l'espèce d'Araignée. Une forme de liseron est caractérisée par sa corolle d'un blanc uniforme ; une seconde est verdâtre en dehors, l'autre a la corolle d'un rose clair, avec un peu de rouge vineux à l'extérieur. Ces variétés vivent côte à côte, et à chacune correspond une variété spéciale de Thomise. Dans les fleurs blanches est une Thomise blanche qui présente sur l'abdomen une croix bleue, et a l'extrémité des pattes aussi légèrement teintée de bleu. Pour la forme verdâtre à l'extérieur, nous rencontrons une Thomise à coloration vert sale, mélangée d'un peu de rouge, et cette Thomise est non à l'intérieur, mais à l'extérieur de la fleur. Enfin, à la fleur rose correspond une Thomise franchement rosée sur la partie dorsale de l'abdomen et des pattes. Cette Thomise, quand on la rencontre sur le dahlia à fleurs rouges, devient d'un rouge écarlate, et sur le muflier jaune on en trouve une forme jaune. »

M. Heckel ayant mis un certain nombre de Thomises roses dans une boîte, les trouva décolorées au bout de quinze jours. Il en prit alors une qu'il mit sur u dahlia rouge; il en plaça une autre sur un muflier; enfin une autre fut déposée sur un liseron blanc. Au bont de quatre jours, les Araignées avaient pris les couleurs de la plante sur laquelle on les avait placées.

Vanesse. — Un cas également très instructif est celui du papillon appelé *Vanesse de l'ortie,* qui donne des chrysalides dont la couleur varie avec les régions où on les trouve.

Un Anglais, T. B. Poulton, a montré que ces couleurs étaient en rapport avec celles du milieu ambiant. Pour obtenir à volonté des chrysalides blanches, noires ou dorées, il suffit de placer sur une surface blanche, noire ou dorée, les chenilles peu de temps avant qu'elles ne se transforment en chrysalides.

Il en est de même pour la larve du *Rumia cratægata*, qui peut être brune ou verte, ainsi que pour celle du *Papillon demi-paon*, qui peut être vert jaunâtre ou bleu verdâtre, suivant la couleur des feuilles sur lesquelles on l'élève.

Polymorphisme. — Les cas de polymorphisme sont très communs chez les Papillons : dessins et couleurs dans leur ensemble peuvent varier du tout au tout dans la même espèce : à citer à cet égard l'*Hibernia defoliaria*, l'*Attacus yama-maï*.

Il est impossible de dire à quoi tiennent ces variations, car les insectes qui les présentent naissent à la même époque et au même endroit. On a compté jusqu'à trente-deux variétés chez *Diadema lassinassa*.

Ces cas de polymorphisme sont, en somme, exceptionnels, anormaux.

Il n'en est pas de même des cas de polymorphisme saisonnier, qui paraît plutôt régulier et évidemment sous l'influence de la température.

« Une Vanesse du nord de la France a longtemps

formé deux espèces, sous les noms de *cartes géo-graphiques fauve et brune*.

Fig. 48. — Papillon grand porte-queue ou Papillon Machaon.

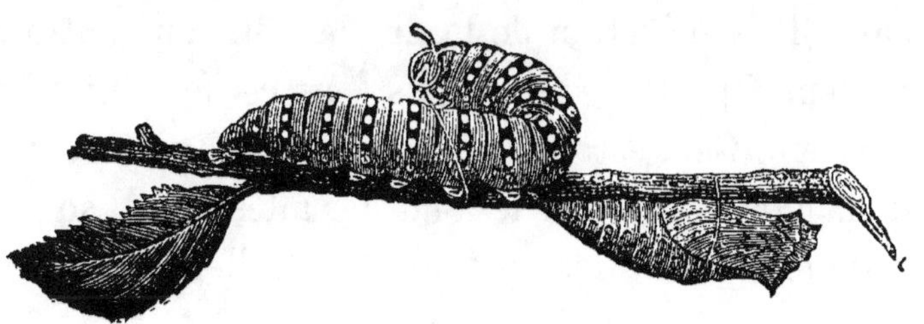

Fig. 49. — Papillon grand porte-queue, chrysalide, chenille.

« Au printemps paraît *Araschnia levana*, dont les chrysalides ont subi l'action du froid de l'hiver,

3.

et qui est fauve et plus petite qu'*A. prorsa*, qui est à fond brun et éclôt en juillet, de chrysalides à courte existence en été ; en retardant les chrysalides par une cache froide, on a pu obtenir, en été, soit *A. levana*, soit une variété à caractères intermédiaires, dite *porima*, qui éclôt aussi parfois en septembre et octobre des chrysalides de *A. prorsa*, dans les années chaudes et ne se reproduit pas.

« De même *Anthocharis Belia*, à taches blanches nacrées, provient de chrysalides hibernantes écloses au printemps, tandis que *A. Ausonia*, à taches d'un blanc mat, est une seconde éclosion de la même espèce au moyen de chrysalides d'été à courte période.

« Dans le *Papilio Machaon* (fig. 48 et 49), si répandu dans l'ancien monde, la génération de printemps a toujours le fond des ailes d'un jaune soufre pâle ; la génération de la fin de l'été, au contraire, présente parfois des sujets où ce fond tire sur l'orangé. Cela est probablement dû à une insolation de la chrysalide, car le fond des ailes prend souvent cette teinte chez les individus de collection exposés longtemps à la lumière. » (M. Girard.)

Différences sexuelles. — Quelquefois les mâles et les femelles se ressemblent si bien que, pour les distinguer, il est nécessaire de regarder les organes de la génération.

Souvent aussi ils diffèrent tant l'un de l'autre qu'un coup d'œil suffit à les faire reconnaître.

D'une manière générale, la femelle (fig. 50) est plus

Fig. 50. — Saturnie Petit Paon, femelle.

Fig. 51. — Saturnie Petit Paon, mâle.

grosse que le mâle (fig. 51), son abdomen est plus volumineux, ses couleurs plus ternes, ses dessins moins prononcés.

Chez les *Orgya*, *Cheimatobia*, etc., la femelle n'a pas d'ailes ou n'en a que des moignons, impropres au vol, alors que le mâle en est pourvu.

Les antennes sont généralement plus développées chez le mâle que chez la femelle.

Les couleurs peuvent aussi varier énormément : le mâle de *Satyra Phryne* est brun et la femelle blanche.

Hermaphroditisme. — Quand les mâles et les femelles diffèrent, on rencontre quelquefois des individus qui présentent un tel mélange de dessins des premiers et des dernières, qu'il est impossible de dire à quel sexe ils appartiennent; ces individus sont hermaphrodites.

Cet hermaphroditisme se manifeste généralement en même temps à droite et à gauche.

Fig. 52. — *Liparis dispar*.
Hermaphrodite, mâle à droite, femelle à gauche.

Quelquefois aussi, le papillon est mâle d'un côté et femelle de l'autre; en ouvrant l'abdomen, on trouve un testicule et un ovaire : c'est le cas fort curieux que nous représentons (fig. 52).

Hybrides. — Quand deux papillons d'espèce différente s'accouplent, les œufs sont le plus souvent stériles.

Quand, exceptionnellement, ils sont fertiles, ils donnent naissance à des hybrides.

Si l'on a réalisé l'accouplement dans des cages d'élevage, on connaît les parents et alors, dans la collection, pour le nom de l'hybride, on écrit les noms des deux espèces réunies : par exemple le *Deilephila*, né du *D. Vespertilio* et du *D. Hippophaes* devra s'appeler *Deilephila Vespertilio-Hippophaes*.

Parthénogénèse. — Il arrive quelquefois que les femelles pondent des œufs sans avoir reçu la visite du mâle ; c'est un cas de parthénogénèse.

Souvent ces œufs restent inféconds, c'est-à-dire ne donnent pas de chenilles ; mais souvent aussi, ils en donnent et alors, parmi les papillons obtenus, les uns sont des mâles et les autres des femelles. Quand la parthénogénèse s'opère par suite de l'absence forcée du mâle (comme dans les boîtes à élevage), elle est anormale. Mais elle peut se passer aussi dans la nature d'une manière normale. Chez certaines *Psyche* par exemple, il y a une série de générations parthénogénétiques qui donnent exclusivement des femelles, puis il y a reproduction sexuelle et alors on voit apparaître des mâles et des femelles.

Tératologie. — La tératologie est la science des

monstres, des formes anormales. On rencontre souvent de ces formes dans la nature ; quelques lépidoptérologistes prennent plaisir à les collectionner.

Un fait intéressant à noter, c'est que l'on peut provoquer artificiellement la plupart de ces cas tératologiques, en soumettant les chrysalides à des manipulations variées.

Si l'on enduit de cire les régions céphaliques de la chrysalide, les ailes, les yeux et les pattes du papillon restent petits.

Les éleveurs savent d'ailleurs, que les Papillons que l'on fait éclore en hiver dans une chambre fortement chauffée sont toujours plus réduits de taille que ceux qui éclosent naturellement au printemps.

Accouplement. — Les Papillons vivent très peu de temps.

Presque au sortir de la nymphe, ils s'accouplent.

L'accouplement a lieu, soit pendant le vol, soit pendant que les Papillons sont posés ; ils sont alors très faciles à prendre et donnent dans ces conditions d'une manière certaine le mâle et la femelle.

Les mâles meurent presque aussitôt après l'accouplement.

Les femelles ne meurent qu'après la ponte.

Cette brièveté de la vie est telle que, ainsi que nous l'avons vu, plusieurs Papillons ne possèdent pas d'organes pour prendre de la nourriture.

Quelquefois les adultes, qui naissent à la fin de l'été, passent la mauvaise saison en léthargie, sous les écorces des arbres ou sous les pierres, pour ne se réveiller et ne s'accoupler qu'au printemps.

Ponte. — Nous donnons plus loin des détails circonstanciés sur la ponte (ch. XV).

CHAPITRE II

CLASSIFICATION ET HABITAT DES PAPILLONS

I. Rhopalocères ou Papillons diurnes. — Argynnis. — Melitea. — Araschnia. — Vanessa. — Pyrameis. — Limenitis. — Grapta. — Nymphalis. — Apatura. — Charaxes. — Satyrides. — Chinobas. — Erebia. — Lycœna. — Polyommatus. — Thecla. — Gonopteryx. — Pieris. — Papilio. — Colias.

II. Hétérocères ou Papillons crépusculaires. — Cossus. — Sesia. — Acherontia. — Smerinthus. — Sphinx. — Deilephila. — Chœrocampa. — Macroglossa. — Zygœna. — Procris. — Aglaope. — Heterogynis. — Syntomis. — Lithoria. — Callimorpha. — Chelonia. — Liparis. — Orgya. — Sericaria. — Bombyx. — Lasiocampa. — Noctueliens. — Amphidasis. — Hibernia. — Cheimatobia. — Fidonia. — Abraxas.

Avant d'étudier les divers modes de chasse employés pour capturer les papillons adultes, nous devons donner quelques détails sur l'habitat des principales espèces, c'est-à-dire de celles qui forment le noyau d'une collection. Ne nous attachant qu'aux mœurs, nous laisserons de côté tout ce qui concerne la spécification; les nombreuses figures que nous donnons guideront d'ailleurs le débutant dans les déterminations, qu'il tentera avec les livres spé-ciaux [1].

I. Rhopalocères ou Papillons diurnes.

Les Rhopalocères voleın pendant le jour.

FIG. 53. — *Argynne Lathonia* ou Petit Nacré.

Argynnis. — Le *Petit Nacré (A. Lathonia)* (fig. 53) est très commun dans les bois, le long des chemins, dans les prairies artificielles et les jardins ; il apparaît d'abord en mai, puis en août et septembre.

Le *Grand Nacré (A. Aglaia)* est assez commun en juillet, sur les fleurs des ronces et des chardons

[1] Voyez Maurice Girard, *Les Insectes, Traité élémentaire d'entomologie*. Paris, 1885, 3 vol. in-8 avec atlas de 118 pl. —Brehm et Kunckel d'Herculais, *Merveilles de la nature, les Insectes*, 2 vol. in-8 avec 2060 figures et 40 pl. — Montillot, *L'Amateur d'Insectes*, Paris, 1890.

qui bordent les allées des bois et les grandes haies des routes.

L'*Argynne Tabac d'Espagne (A. Paphia)* (fig.

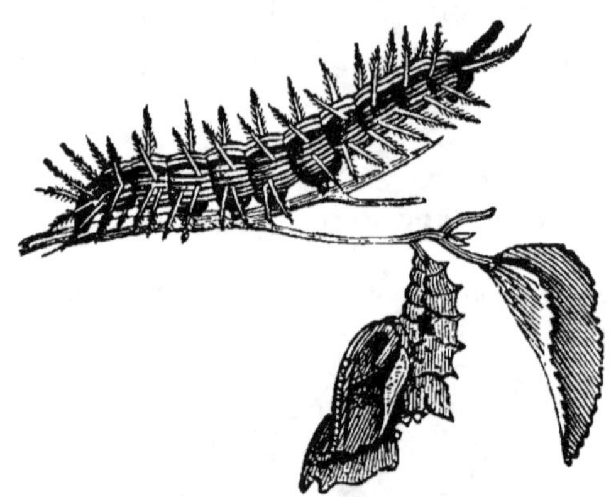

Fig 54. — Argynne Tabac d'Espagne. Chenille sur la violette et chrysalide.

54) a un vol assez rapide et l'élan brusque. Il vit en juillet et août dans les bois ; il se pose volontiers sur

Fig. 55. — Petite violette ou *Argynne Dia.*

les ronces et les chardons ; parfois, il s'aventure dans les champs de luzerne qui bordent les forêts.

La *Petite Violette (A. Dia)* (fig. 55) habite les

bois de la plaine; elle est fréquente dans les allées et surtout les clairières, en mai et juillet.

L'*Argynne Euphrosine* (fig. 56) abonde dans toute la France et n'est pas rare aux environs de Paris.

FIG. 56. — Argynne Euphrosine.

Melitea. — Le *Damier (M. Artemis)* est très commun, en mai et en juillet, dans les bois et les prairies qui les avoisinent.

Le *Grand Damier (M. Phœbe)* se trouve seulement dans le midi et dans le centre de la France.

Araschnia. — La *Carte géographique brune (A. Prorsa)* est localisée dans les bois ombragés et humides; elle vole en juillet. C'est la descendance de cette espèce, qui, au mois d'avril, donne naissance à la *Carte géographique fauve (A. Levana)*, que l'on a cru longtemps être une espèce spéciale.

Vanessa. — Les *Vanesses* ont un vol vif et rapide, mais de peu de durée. Quand on les chasse de l'endroit où elle sont posées, elles ne tardent pas à y re-

venir. Elles aiment le voisinage des habitations, les
promenades, les jardins, les champs découverts.

FIG. 57. — Vanesse petite Tortue.

La *Petite Tortue (Vanessa Urticæ)* (fig. 57) se
rencontre pendant presque toute l'année. Il n'y a que
deux générations par an, mais la vie de ces papillons
est très longue. C'est une espèce très commune.

FIG. 58. — Grande Tortue ou Vanesse polychloros.

La *Grande Tortue (Vanessa Polychloros)*

(fig. 58) est commune et répandue dans toute l'Europe.

Fig. 59. — Vanesse Paon de jour. Chrysalide,
sur l'ortie et chenille. — Satyre Janira, chenille.

Le *Paon de jour (Vanessa Io)* (fig. 59) vole en
avril et août. Il hiverne. Il se pose sur les fleurs, au

bord des routes ; il se laisse prendre facilement à la main.

Le *Morio (Vanessa Antiopa)* (fig. 60) se trouve

FIG. 60. — Vanesse Antiopa ou Morio.

dans les routes qui traversent les bois ; il vole avec rapidité et est très farouche ; il se pose souvent sur les plaies des arbres qui laissent suinter de la sève.

Pyrameis. — Le *Vulcain (P. Atalanta)* est commun partout à la fin de l'été. Il est facile à capturer, car il se pose fréquemment et revient souvent à l'endroit d'où on l'a chassé.

La *Belle-Dame* ou *Vanesse du Chardon (P. Car-dui)* (fig. 61) est commune dans les lieux arides couverts de chardons. Elle vole même par les mauvais temps et se pose fréquemment. Il n'est pas rare non

Fig. 61. — Belle-Dame ou Vanesse du Chardon.

plus de la voir le soir voler avec les Papillons de nuit. Il y a des années où elle est très commune et d'autres où elle est plus rare. Parfois même un grand nombre de Belles-Dames se réunissent en troupe assez lâche et émigrent dans une autre région.

Brehm[1] donne les détails suivants sur la migration des Vanesses.

Parfois les Papillons du Chardon volent en foule extraordinaire, comme poussés par un irrésistible besoin de voyager.

Pierre Huber constata en Suisse, vers 1826, un

[1] Brehm, *Merveilles de la Nature; les Insectes,* édition française par J. Kunckel d'Herculais, t. II, p. 271.

passage considérable. Prévost en observa, le 29 octobre 1827, en France, un convoi qui occupait de 10 à 15 pieds de largeur, et qui vola, du sud au nord, pendant deux heures. Ghiliani nota, dans l'Europe méridionale, un convoi analogue formé par d'autres Papillons fraîchement éclos, le 26 avril 1851 ; plusieurs cas analogues sont mentionnés [1].

Dans la première quinzaine du mois de juin 1879, on a signalé sur un très grand nombre de points de la France, de la Suisse et de l'Espagne, à Nancy, à Angers, à Angoulême, à Albi, dans la vallée du Rhône, à Montélimar, à Valence, à Lausanne, à Berne, etc., le passage d'une véritable armée des Papillons connus vulgairement sous le nom de *Belle-Dame*, et qui dans certaines localités formaient des nuées abondantes. Le phénomène s'est manifesté pendant plusieurs jours.

« Dans l'après-midi du 2 juin, écrit M. Condamy [2], une nuée de plusieurs milliers de Vanesses du Chardon, dans les environs d'Angoulême, a suivi la vallée de l'Anguienne dans la direction du levant au couchant. Le 7, on a observé un deuxième passage moins important. Un naturaliste distingué, témoin du fait, prétend que les femelles de certains Papillons

---

[1] *Annales de la Société entomologique.*
[2] Condamy, *La Nature*, 1879.

à l'époque de l'accouplement, répandent une odeur assez forte pour attirer tous les mâles d'une contrée. Il suffirait du passage d'une seule Vanesse femelle pour que toute la gent masculine prît la même direction et s'empressât de lui faire cortège. Cette explication semble vraie tant que la distance parcourue n'excède pas 1 à 2 kilomètres environ ; mais si les Papillons ont franchi plusieurs départements pour arriver dans nos régions de l'Ouest, ils obéissent alors à un sentiment mal connu, analogue à celui qui fait voyager quelques poissons de mer et surtout plusieurs espèces d'oiseaux. »

M. Plumadon, météorologiste adjoint à l'Observatoire du Puy-de-Dôme, nous a adressé d'autre part, la lettre suivante [1].

« Le passage de Vanesses a eu lieu le 15 juin. Il a duré de 11 heures du matin à 2 heures du soir. Ces Papillons ne marchaient pas en masses serrées, mais par groupes de 2, 3, 4, 5 ou 6. J'en ai compté 280 qui ont passé devant moi en cinq minutes sur un front de 9 mètres. La largeur de la colonne qu'ils formaient dans leur ensemble, à la hauteur de Clermont, avait au moins 8 kilomètres, puisqu'ils ont été remarqués à Royat et à Lempdes ; mais il est probable qu'elle avait une dimension beaucoup plus grande. Quoi

---

[1] Plumadon, *Ibid.*

qu'il en soit, en se basant sur des chiffres moyens, le nombre des Papillons qui auraient passé entre Royat et Lempdes serait de trois millions environ. Ces Papillons, *qui se dirigeaient tous vers le sud*, avaient un vol très rapide, et se maintenaient ordinairement à 1 mètre ou 2 au-dessus du sol. S'ils rencontraient une muraille, un bouquet d'arbres ou une maison, ils s'élevaient verticalement après un instant d'hésitation apparente, sans se détourner à droite ou à gauche, et franchissaient l'obstacle. Il m'a été très difficile d'en saisir quelques-uns. Le moindre de mes mouvements leur donnait l'éveil : ils s'élevaient alors et passaient au-dessus de ma tête. J'en ai repoussé plusieurs huit ou dix fois avec mon chapeau, sans pouvoir les faire changer de direction; dès qu'ils m'avaient échappé, ils reprenaient leur vol instinctif vers le midi sans s'arrêter une seconde, même pour butiner les fleurs. Il est à remarquer, d'autre part, que les Papillons indigènes de même espèce n'ont pas été entraînés par le mouvement d'émigration auquel ils paraissent au contraire être restés complètement indifférents. La colonne émigrante que j'ai pu observer n'a pas été unique. Le mardi précédent, on en avait remarqué une sur les boulevards de Clermont, et le même jour, M. le Dr Barberet, médecin principal du 13e corps d'armée, en avait rencontré une autre vers 8 heures du matin auprès de Saint-Nectaire, dans le canton de Champeix, où il voyageait. Là, le sol était tellement jonché de Papillons morts ou mourants, que chaque pas du cheval qui conduisait la voiture faisait sur la route une large tache blanche. Vers 5 heures du soir, M. Barberet repassait au même endroit et la colonne n'avait pas encore fini de s'écouler. Les Papillons qui la composaient marchaient tous vers le sud, comme ceux que j'ai observés à Clermont. »

« Plusieurs journaux, écrit-on de Berne, à la date du 16, ont mentionné le passage des Vanesses du Chardon. Entre Berne et Thoune, ces Papillons abondent d'une manière surprenante. Ils forment parfois au sein de l'air de véritables nuées d'une prodigieuse étendue. »

MM. Ch. et R. Oberthur de Rennes [1] ont observé le phénomène à Rennes, le 10 juin 1879.

« Le vent soufflant du sud, vers 11 heures 1/2 du matin, par un ciel clair et une température chaude, nous avons été témoins d'une migration considérable de *Vanessa Cardui* et de *Plusia Gamma*.

« Les *Vanessa Cardui* volaient droit et en nombre considérable dans la direction du nord, venant

---

[1] Oberthur, *Annales de la Société entomologique de France,* 5ᵉ série, t. IX, 1879, p. 87.

du sud. Elles ne tournaient pas les obstacles, passaient ordinairement par-dessus, et, s'élevant verticalement le long des murs ou des maisons, arrivaient
au sommet et les franchissaient sans en faire le tour.
Vers 2 heures, la migration continua toujours,
mais la direction changea, et, du sud vers le nord,
les *Vanessa Cardui* tournèrent de l'est pour marcher vers l'ouest. Le vent était toujours sud à Rennes
en ce moment, vers 3 heures, il commença à tourner
vers l'est, et un orage se forma vers 4 heures. Le
ciel s'étant obscurci, les *Vanessa Cardui* ne paru-
rent plus.

« Elles volaient en extrême abondance et avec la
rapidité d'une flèche. Nous avons calculé qu'elles
parcouraient 50 mètres en dix secondes. Quelquefois
on pouvait en voir de 20 à 30 à la minute, se succédant sans interruption, volant souvent par 4 ou 5
très près les unes des autres. Elles étaient fort difficiles à prendre. Cependant nous en capturâmes quelques exemplaires dans notre jardin. Le type n'est
pas celui que nous prenons le plus ordinairement
ici : c'est le type africain caractérisé, remarquable
parce que les parties fauves de l'aile supérieure sont
infiniment plus pâles et *moins rosées* que dans le type
breton, qui du reste, ne paraît pas différer de celui
de Paris. Le type de *Vanessa Cardui* que nous
venons de prendre est exactement semblable à celui

que nous possédons, provenant du royaume de Choa, en Abyssinie.

« Les *Plusia Gamma* ont fait leur apparition en masse depuis trois jours. Tous les exemplaires sont usés et frottés. Ils est impossible de définir exactement dans quelle direction marchent ces Noctuelles. Elles volent capricieusement en grande abondance dans les gazons et les massifs de fleurs, et passent à chaque instant au-dessus de notre tête.

« Les *Plusia Gamma* et *Vanessa Cardui* habitent ensemble un grand nombre de pays, et notamment l'Égypte.

« Nous avons cru devoir signaler ce fait de Papillons émigrant du Sud, parce que, depuis quelques années, on a remarqué différentes espèces de Lépidoptères se répandant ainsi dans des pays nouveaux. La *Danaïs Archippus* notamment, trouvée en Vendée et en Angleterre, répandue dans toute l'Amérique et en Nouvelle-Guinée, est une de ces espèces.

« L'*Ituna Lamyra* émigre aussi, avons-nous entendu dire, d'un côté à l'autre du Mexique, et les *Urania* sont également, paraît-il, des Papillons émigrant facilement.

« Peut-être d'autres de nos collègues ont-ils aujourd'hui ou hier observé le même fait. Ce serait un moyen de se rendre compte de la ligne parcourue et peut-être du point de départ.

4.

« Qu'est-ce qui peut occasionner ces migrations auxquelles se rapportent sans doute les volées de Piérides qui, au milieu de l'océan Atlantique, viennent parfois s'abattre sur les navires? C'est une de ces questions encore mystérieuses, comme l'histoire naturelle en renferme un si grand nombre, et que de nombreuses observations parviendront peut-être à élucider.

« L'un de nous se souvient d'avoir été témoin, sur le sommet du Vésuve, d'une sorte d'irruption de Coléoptères appartenant à toutes les familles. Les *Nebria* s'acheminaient vers les petites fentes du bord du cratère par où suintait le soufre. Elles étaient saisies par le soufre en fusion qui, se figeant, formait des sortes de gâteaux sablés de Carabiques faisant l'effet de raisins secs. Les Histérides, Longicornes, Chrysomélides, Coccinélides, etc., volaient en telle abondance au-dessus du gouffre que nos habits en étaient couverts et que le lendemain matin nous retrouvâmes aux fenêtres de notre appartement des Coléoptères que nous avions rapportés dans nos vêtements.

« Or, nous avions été frappés de l'absence presque totale de Coléoptères (à part un très gros *Ateuchus* qui était très commun) tout le long de la route en montant au Vésuve, depuis Torre del Greco : comment pouvait-il se faire qu'une aussi grande masse de Coléoptères se fùt donné rendez-vous au sommet du même volcan ?

« La migration des *Vanessa Cardui* et des *Plusia Gamma* nous a remis en mémoire le fait si curieux dont nous fûmes témoin au Vésuve, et que nous avons cru capable d'intéresser nos confrères. »

D'après M. J. Fallou[1], des nuées de Papillons *Bella Donna* avaient fait irruption dans la province de Valence (Espagne). En France, il s'est produit un fait analogue dans le département de la Drôme. Une nuée de Papillons blancs et jaunes venant de l'est, ou plutôt de la direction de Condillac-les-Roux, est passée vers trois heures du soir au-dessus même de la gare de Montélimar.

La *Bella Donna* semblerait s'être transportée jusque dans les environs de Paris ; jamais, en effet, je n'ai eu l'occasion d'observer autant de *Vanessa Cardui* qu'entre le 10 et le 15 juin de cette année. On en trouvait partout sur les routes de la forêt de Sénart. Le 13 surtout, on les voyait voler, sans s'arrêter, dans une même direction, celle de l'est à l'ouest. Tous ces Papillons étaient défraîchis, ce qui prouve qu'ils n'étaient pas éclos dans nos campagnes, et qu'ils avaient sans doute été chassés par les

---

[1] Fallou, *Annales de la Société entomologique*, 5ᵉ série, t. IX, 1879, *Bulletin*, p. 91.

fréquentes bourrasques que nous subissons depuis longtemps déjà.

« J'ai aussi à signaler une abondante apparition de la *Plusia Gamma*. Depuis une quinzaine de jours, on en voit une grande quantité au crépuscule, sur toutes les fleurs, et cela est d'autant plus remarquable que mes chasses de cette année ne m'ont fourni qu'un très petit nombre de Chenilles de cette espèce. Ces Papillons auraient-ils aussi émigré? Cela est probable, car tous les sujets que j'ai capturés sont éclos depuis longtemps et sont complètement défraîchis. »

M. Maurice Girard communique ce qui suit :

« Pendant toute la journée du 15 juin 1879, nous avons constaté, M. Poujade et moi, des faits pareils à ceux observés à Rennes par MM. Oberthur frères. On voyait dans les prairies et landes de Champigny et de la Varenne-Saint-Maur un grand nombre de *Plusia Gamma*, presque toutes usées et décolorées. En outre, un véritable passage de *Vanessa* (Pyaméis) *Cardui* s'opérait par nombreux sujets isolés, presque tous à ailes déchirées et usées, volant contre le vent sud-ouest qui régnait, c'est-à-dire venant du nord-est. Le 16 juin, à Armainvilliers, M. d'Apreval constatait un fait analogue, ces Vanesses volant du nord au sud, aussi contre le vent. Le passage observé le 10 juin 1879 par MM. Oberthur s'opérait par de nombreux sujets se succédant rapidement du sud au nord, puis de l'est à l'ouest. »

Ces migrations de la Vanesse Belle-Dame, que le sirocco paraît avoir apportée d'Afrique, ont été très générales.

On les cite en Suisse, dans la première quinzaine de juin[1]. Une lettre de M. Genevoy Montaz, du 3 juin 1879, les indique comme sillonnant la vallée du Rhône.

M. Decharme les observait à Angers, le 10 juin, de 8 heures à 11 heures du matin principalement[2], volant de l'est à l'ouest, contre le vent. Dans une seule rue, il en passa en une heure quarante à cinquante mille, en véritable nuée, au point de gêner la circulation des passants, qui se rangeaient contre les murs. Le Champ-de-Mars et la ligne du chemin de fer en étaient couverts; en outre, il y avait des passages de sujets isolés.

La même migration a été aussi observée à Nancy, le 11 juin 1879, s'opérant de l'est à l'ouest, et les Papillons, en nombre immense, ont été vus également dans la plupart des localités de Meurthe-et-Moselle et en Alsace.

---

[1] *Gazette de Lausanne* du 16 juin; *Union médicale* du 19 juin, p. 1020.

[2] Decharme, *Compte rendu de l'Académie des Sciences* du 16 juin 1879.

M. le Dr Boisduval[1] adresse de Ticheville (2 juillet) la note suivante :

« Le fait observé par MM. Oberthur à Rennes
même d'une migration considérable de *Vanessa
Cardui* a déjà été signalé ; Huber, au commencement de ce siècle, a en effet remarqué, en Suisse,
une migration énorme de ce même Lépidoptère, et il
a publié un travail à ce sujet.

« Dans la vallée d'Auge, où jamais on n'avait vu
une seule *Vanessa Cardui*, cet Insecte se trouve
aujourd'hui par centaines. Tous les individus sont
complètement déflorés, volant avec une grande rapidité, passant comme des flèches, et poussés par le
vent sud ou sud-ouest, ils se dirigent vers le nord.

« D'où peut provenir cette prodigieuse quantité de
Papillons? On sait que ces Vanesses, qui ont passé
l'hiver, ne se voient qu'en petit nombre au printemps, et, cependant, toutes celles que nous signa-
lons ont dû rester dans l'engourdissement pendant
cette dernière saison.

« Il y a du reste en Entomologie des faits encore
inexplicables. J'ai vu, il y a une trentaine d'années,
aux environs de Paris, le *Clostera anastomosis* si
abondant qu'il n'y avait pas un Tremble, pas un

---

[1] Boisduval, *Annales de la Société entomologique*, 5e série,
Bulletin, p. 119.

Peuplier sur lequel on ne trouvât dix à douze Chenilles de cette espèce qui se reproduit deux ou trois fois dans la belle saison. Cette apparition subite a duré deux années, puis l'Insecte a presque disparu. On peut dire la même chose de diverses Tortricides qui apparaissent tout à coup sur la vigne, où elles font de grands ravages, et qui, au bout de quelques années, disparaissent subitement. »

M. Chaboz, de Pont-de-Beauvoisin (Isère), raconte que se trouvant, le 11 juin 1879, sur les collines de Saint-Franc (Savoie), derniers contreforts des Alpes, à une altitude d'environ 600 mètres, il ne fut pas peu surpris de rencontrer une véritable nuée de *Vanessa Cardui*. Ces Insectes, dans un espace restreint, se trouvaient en nombre si considérable, qu'on pouvait en prendre une dizaine d'un seul coup de filet; ils paraissaient très affairés, et il put constater qu'ils étaient occupés à pondre sur de jeunes Chardons abondants à cet endroit. Ayant capturé une douzaine d'individns, il a constaté que tous étaient des Femelles.

Cette abondance de *Vanessa Cardui* lui rappela une observation faite jadis aux environs de Montpellier. « Des Chenilles du même papillon se rencontraient alors en telle abondance qu'elles avaient entièrement dévoré les feuilles de champs entiers d'Artichauts, et que, devant traverser une route pour se rendre sur un champ voisin, elles couvraient littéralement le sol.

« Peut-on conjecturer la cause de ces innombrables invasions de Papillons? Dans le cas présent, en se rappelant que le manque de nourriture est en général une des causes principales des migrations, ne peut-on supposer que le printemps dernier ait été favorable à la multiplication de la Vanesse et qu'elle ait pullulé soit en Algérie, soit dans le midi de la France, sur les Carduacées qui y croissent spontanément ou que l'on y cultive ; que les chenilles de la première génération auraient dévoré entièrement ces plantes avant de se transformer en nymphes et en insectes parfaits, et, qu'après l'accouplement, les femelles, par un instinct spécial, auraient émigré vers les pays où elles pouvaient trouver les plantes nécessaires à la nourriture de leurs chenilles?

« J'ajouterai que, d'après des témoignages dignes de foi, une invasion de *Vanessa Cardui* a été également observée, du 10 au 20 juin, dans les environs de la Tour-du-Pin. »

M. le Dʳ Regimbart, de son côté, écrit d'Evreux (Eure):

« Pendant tout le mois de juin, sans un seul jour d'exception, et même pendant les pluies modérées, il y a eu un passage continu et constant, du sud au nord, de *Vanessa Cardui*, volant assez près de terre, avec une grande rapidité, passant et s'élevant au-dessus de tous les obstacles sans jamais les contourner ; presque toutes avaient les ailes déchirées et comme rongées et à peu près dépourvues d'écailles colorantes ; à côté de cela, il y avait, de place en place, des exemplaires parfaitement frais, mais paraissant éclos ici et sédentaires, car ils voletaient de fleur en fleur, sans rapidité et sans direction aucune. Généralement ce Papillon est assez rare à Evreux ; dans la première huitaine de juin, il en est passé un nuage véritable, toujours du sud au nord.

« Je n'ai point remarqué que la *Plusia Gamma* fût plus commune que d'habitude. »

M. E. Ragonot ajoute que, pendant le voyage qu'il a fait, du 10 au 28 juin, de Paris à Autun et jusque dans la Côte-d'Or, il a pu constater partout sur la route qu'il a parcourue, aussi bien que dans les environs d'Autun, des *Vanessa Cardui* en très grande quantité. Il a vu les jeunes Chenilles mangeant l'*Eryngium campestre*.

D'après M. le Dr Victor Fatio[1], le passage des Vanesses, à la date du 20 juin, a été observé en Suisse non seulement en plaine dans beaucoup de cantons, mais encore, paraît-il, jusqu'à d'assez

---

[1] Fatio, *La Nature*, 1879.

grandes hauteurs dans les montagnes, à 2150 mètres au-dessus de la mer, au Saint-Gothard, par exemple. Le transport anormal de ces Lépidoptères sur ce col élevé qui est aussi pour les oiseaux une des principales lignes de passage au travers des Alpes, semble bien indiquer que les Vanesses que l'on a vu traverser ce pays ne sont pas toutes nées dans ces contrées ; toutefois il est très difficile jusqu'ici de dire s'il faut attribuer ce déplacement insolite aux rigueurs du printemps sur le versant méridional des Alpes, aux inondations des plaines de Lombardie, ou encore à la persistance des vents du midi.

« Une bande de l'espèce Vanesse, raconte M. M.-P. Toussaint du Havre, s'est élevée dans le nord de la France et est passée sur Bolbec (arrondissement du Havre), le samedi 22 juin, se dirigeant vers l'ouest-quart-nord-ouest et volant serrée sur une largeur de près de 1500 mètres. »

M. A. Cheux donne quelques détails au sujet du phénomène observé dans le Maine-et-Loire :

« Le passage des *Vanessa Cardui*, nous écrit M. A. Cheux, a eu lieu près d'Angers, le 10 juin, de onze heures du matin à deux heures du soir. Plus de vingt mille ont passé très vite, sans tourner les obstacles, par groupes de dix à dix-huit, allant de l'est à l'ouest. Le temps était beau, le vent faible de l'est-sud-est et la température chaude. Le soir, beaucoup de plantes et principalement les Valérianes étaient couvertes de la Noctuelle *Plusia Gamma* usée et frottée. Le lendemain, malgré le fort orage et la grande pluie de quatre heures du matin, l'émigration, aussi forte que la première, a eu lieu de dix heures du matin à une heure du soir. Le ciel était couvert et le vent faible du sud-ouest, la température était de 19°,2. Toutes ces Vanesses étaient usées et les couleurs passées. »

L'origine africaine de ces Vanesses parait surabondamment démontrée par les observations suivantes :

« J'ai assisté, rapporte M. Crozet-Noyer, à l'arrivée de ces nuées de papillons dans ma propriété d'été, qui donne sur le rivage de la Méditerranée entre Saint-Raphaël et Agay (Var). Deux courants étaient bien prononcés, l'un venant sans doute d'Afrique, passant par Carthagène, Valence, se dirigeant vers l'ouest de la France (je l'ai appris depuis), et l'autre, celui dont j'ai été le témoin, suivant sans doute la Sardaigne, la Corse et la France, et attirant après eux un nombre considérable d'oiseaux appelés Culs-Blancs, pour qui cette manne était une bonne aubaine ; ces oiseaux étaient tellement alourdis de cette nourriture abondante et probablement à leur goût, qu'on pouvait les approcher facilement et les voir happer, sur les rochers marins où ils s'étaient embusqués, ces papillons dont le nombre ne paraissait pas diminuer. L'arrivée de ces papillons s'était produite avec la pluie sans que les ailes parussent mouillées; ils arrivaient par rafales avec fort vent de sud-est.

« Ceci se passait du 16 au 20 avril; ces Insectes ailés auraient donc mis environ cinquante jours pour côtoyer les Alpes, les montagnes du Jura et les Vosges..... pour passer à Nancy, où on les a signalés. »

« Le 31 mai, me trouvant à bord d'un cutter, sur les côtes de Provence, entre Marseille et Toulon, à 10 milles environ de la terre, par une mer calme avec faible brise d'ouest, mon attention fut attirée, raconte M. Bonnefoy, par des papillons *(Vanessa Cardui)* qui, venant du large, se dirigeaient vers la côte. Ils voyagaient isolément et non en troupe serrée, suivant tous d'un vol rapide et régulier la même direction. Aucun d'eux ne s'est arrêté à bord; leur défilé a duré toute la journée, et le nombre de ces Lépidoptères qui ont traversé le champ relativement restreint de mon observation a dû être très considérable. »

Limenitis. — Les Limenitis vivent surtout dans les bois et volent haut.

Le *Limenitis Camille (L. Camilla)* se plaît dans

les bois humides. Sa chenille vit également sur le chèvrefeuille (fig. 62).

Fig. 62. — Limenitis Camille.

Grapta. — Le *Robert le Diable (G. Album)* est commun sur les routes, dans les jardins, etc.

Nymphalis. — Le *Grand Sylvain (N. Populi)*, se trouve dans les grands bois du nord et du centre de la France. Il vole surtout dans les régions où il y a des trembles et des peupliers. Cette belle espèce, dont la femelle est le plus grand papillon de jour de nos pays, ne butine pas les fleurs, mais lèche le sol humide, les plaies des arbres, et les déjections des animaux. C'est dans les routes des bois, où passent souvent des bestiaux, qu'il faut la chercher. Le Grand Sylvain se pose sur les déjections de ces animaux, au mois de juin ; quand on l'approche, il s'envole mais ne tarde pas à revenir au même point. Il faut le chasser de huit heures du matin à midi et de quatre à sept heures du soir. On peut le faire descendre des grands arbres en répandant soi-même du crottin de cheval sur une route ou dans une clairière. C'est un des rares papillons, où la chasse à l'état adulte s'impose, car la chenille ne vit qu'au faîte des arbres et par suite est très difficile à capturer.

Le *Petit Sylvain (N. Sibylla)* se pose rarement sur les déjections des herbivores, il préfère le suc des chardons ; il se trouve aussi, en juin et juillet, dans les bois du Nord et du Centre.

Le *Sylvain azuré (N. Camilla)* se rencontre à deux époques, en mai et en août. C'est une espèce du Midi et du Centre, qui se pose surtout sur les ronces et sur les broussailles qui bordent les cours d'eau.

Charaxes. — Le *Nymphale Jason* ou *Pacha à deux queues (C. Jasius)* (fig. 63) habite le littoral méditerranéen ; c'est un magnifique insecte, qui a deux générations par an et qui dépose ses œufs sur les

Arbousiers, où l'on rencontre sa chenille en mars,
avril et mai.

FIG. 63. — Nymphale Jason ou Jasius, papillon.

FIG. 64. — Nymphale Jason, chenille.

La chenille (fig. 64) a le corps aplati en dessous,
renflé au milieu ; les derniers anneaux sont alternés

et terminés en queue de poisson ; la tête est ornée de quatre cornes jaunes ; la couleur est d'un beau vert chagriné de blanc, avec les septième et huitième anneaux marqués de deux taches ocellées d'un vert jaunâtre, ayant au centre un point blanchâtre. (Kunckel d'Herculais.)

Fig. 65. — Petit Mars changeant ou *Apatura Ilia*.

Apatura. — Le *Petit Mars changeant (A. Ilia)* (fig. 65) et le *Grand Mars changeant* ont les mêmes mœurs que les Sylvains, mais ne se trouvent qu'à la fin de juin ou de juillet, suivant l'état de la saison.

Satyrides. — Les *Satyrides* sont extrêmement répandues, habitent aussi bien les plaines que les hautes montagnes, préférant surtout les régions garnies de Graminées.

« Le vol des Satyrides, dit Maurice Girard, four-

nit un caractère distinctif. Ils ne planent pas, du
moins pour la plupart des espèces, comme les
Vanesses, les Apatures ; les Papillons ne restent pas
au repos les ailes étendues, comme les Argynnes,
mais les tiennent alors fermées et perpendiculaires
au corps. Le vol, tantôt rapide, tantôt lent, a
toujours quelque chose de saccadé, de sautillant ;
il est fréquemment interrompu par des repos. En
général, les grandes espèces partent brusquement
et au moindre bruit, sans parcourir de longs
espaces.

« Les Satyrides, surtout les espèces à teinte foncée,
c'est-à-dire une partie du genre *Satyrus* et du genre
Erebia (Satyres des montagnes), doivent être recher-
chés par les amateurs dans les premiers jours de leur
éclosion et presque avant qu'ils aient donné les premiers coups d'ailes. Leur vol à crochet les expose à
de continuels contacts ; leurs écailles tiennent peu,
et les rayons du soleil ne tardent pas à faire disparaître des reflets souvent métalliques ou veloutés,
pour ne laisser qu'une nuance terne et pâlie. En
outre, les ailes de la plupart des espèces sont bordées
d'une frange blanche, plus mince que le reste de
l'aile et qui se déchire et tombe si l'insecte a quelque
peu volé. Les mois de juillet et d'août sont ceux où
l'on voit voler le plus de Satyrides, principalement
parmi ceux qui habitent les hautes montagnes. »

5.

Souvent, dans l'après-midi, on rencontre les Saty-rides accouplés, placés en sens inverse l'un de l'autre sur les plantes basses.

Dans le genre *Arge*, il faut citer le *Demi-Deuil (A. Galatea)* (fig. 66), qui se trouve dans les champs,

Fig. 66. — Arge Galatée.

les bois, les prairies. Les autres Arge habitent les régions méridionales et les montagnes.

Dans le genre *Satyrus*, il faut citer quelques espèces communes.

L'*Agreste (S. Semele)* se trouve dans les lieux secs et pierreux, dans les landes de bruyères, etc.

Le *Silvandre (S. Hermione)* (fig. 67) habite surtout les régions calcaires.

L'*Hermite (S. Briseis)* vole surtout, le soir, dans les terrains secs.

Le *Faune (S. Statilinus)* préfère les régions sili-ceuses.

Le *Grand-Nègre des bois (S. Dryas)* habite les régions calcaires du centre.

Le *S. Circe* habite surtout les collines du midi de la France. Il est fort difficile à capturer, car il

vole le long des coteaux calcaires et dénudés, où il est impossible de le poursuivre. On l'approche facilement quand on est vêtu de blanc ; il prend alors le chasseur pour un rocher.

Le *Myrtile (Satyrus Janira)* est le plus commun de tous les Satyres. Il se promène un peu partout dans les champs et dans les bois. Il se pose souvent à terre. D'une nature très batailleuse, il fait la chasse aux papillons qui se posent sur les fleurs des ronces, et les contraint à lui céder la place.

Le *Tircis (Satyrus Ægeria)* est le Satyre qui

apparaît le premier au printemps, il est très commun en France dans les clairières et dans les haies épaisses.

Le Tristan *(Satyrus hyperanthus)* est très commun, en juin et juillet, sur les fleurs des ronces.

Fig. 68 — Satyre Mégère.

Le *Satyrus Mœra* et le *Satyrus Megœra* (fig. 68) aiment les lieux habités, tels que les jardins et les villages. Ils se promènent le long des murs, comme s'ils l'exploraient ; ils les parcourent d'un bout à l'autre d'un vol sautillant et saccadé et sans presque jamais s'y poser.

A côté des Satyres de grande taille que nous venons de citer, il faut mentionner les *Petits Satyres*, qui habitent exclusivement les lieux herbus des bois et des champs ; on les voit souvent se poser à terre, les ailes relevées et rejetées en arrière.

A citer encore dans ce groupe :

Le *Mélibée (S. Hero)* ;

Le *Céphale (S. Arcanius)* ;

Et le *Daphnis (S. Davus)*.

Chionobas. — Les *Chionobas* sont assez rares, mais sont un vif attrait pour les collectionneurs, en raison de leur habitat ; ils vivent en effet dans les régions neigeuses des montagnes, au-dessus de la région des forêts.

Erebia. — Les *Erebia*, qu'en raison de leur teinte sombre on désigne souvent sous le nom de *Grands Nègres*, sont propres aux montagnes élevées ou moyennes.

Lycœna. — Les *Lycœna*, que tout le monde connaît à cause de la belle couleur bleu d'azur que possèdent les mâles, voltigent sur les plantes basses et se posent quelquefois sur les terrains détrempés.

A citer le *Papillon de l'Arrête-bœuf (L. Icarus)* et le *Bel-Argus (L. Adonis)*.

Polyommatus. — Les Polyommates ont des nuances analogues à celle des Lycœna.

L'une des espèces les plus communes est le Polyommate de la Verge d'Or.

Thecla. — Les Thecla volent autour des arbres.

Gonopteryx. — Le *Citron (G. Rhamni)* vole dès le

début du printemps ; il est bien connu à cause de la couleur qu'indique son nom. La femelle a une teinte verte.

Pieris. — Les *Pieris* sont extrêmement communs.

La *Piéride du Chou* ou *grand Papillon blanc du Chou (P. brassicæ*, fig. 69) a une aire de répartition immense. En juillet notamment, ils voltigent en grand nombre dans les jardins et surtout dans les potagers. Il n'est pas rare non plus de les voir abandonner les campagnes pour venir visiter les villes même les plus bruyantes ; j'en ai même rencontré en pleine mer.

La femelle dépose ses œufs en petits amas à la face inférieure des feuilles de Choux. C'est aussi à cet endroit que l'on rencontre les chenilles, la terreur des jardiniers ; d'un appétit toujours inassouvi, elles causent de très grands ravages dans les potagers ; elles sont blanc jaunâtre avec des taches noires. Très souvent, elles sont piquées par les Ichneumons, dont les œufs éclosent à l'intérieur de leur corps ; ce qui les fait périr rapidement.

Au moment de la nymphose, la chenille abandonne la plante qui lui a donné la nourriture et se rend le long des murs ou des troncs d'arbres. La chrysalide, également blanche et noire, est attachée par la queue et par une ceinture vers le milieu du corps.

Les chrysalides passent l'hiver et ne donnent des papillons qu'au printemps. Il y a une seconde génération, plus importante, en été, et quelquefois une troisième au commencement de l'automne.

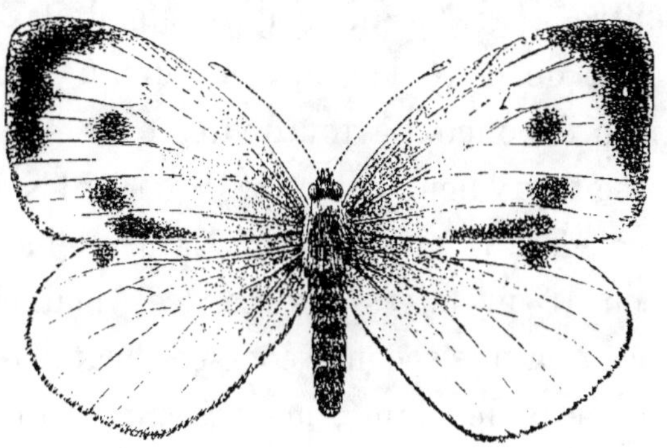

FIG. 69. — Piéride du Chou ou grand Papillon blanc du Chou, femelle.

Quand les chenilles n'ont pas assez de nourriture à un endroit, elles émigrent en masses vers des lieux plus copieux. Dorhn raconte qu'un jour il vit un train arrêté par ces colonnes ; « ce que n'aurait pu produire ni un éléphant, ni un buffle », à moins de faire dérailler le train par-dessus leur corps mis en pièces, était l'œuvre de l'infime chenille du *Pieris brassicæ*. A gauche de la voie se trouvaient des champs, dont les troncs de choux dévorés dénotaient suffisamment le travail destructeur de ces chenilles. A quelque distance de la voie, au côté droit, s'étendaient d'autres plants de choux ornés encore de leur feuillage intact. Un conseil tenu par les chenilles venait de décider, à l'unanimité, d'appliquer la maxime : *ubi bene, ibi patria*, et d'échanger le petit duché étroit situé à gauche des rails contre le grand duché qui s'étendait à droite. Le résultat de cette décision fut, qu'au moment où notre train déboucha à toute vitesse du souterrain, les rails se trouvaient couverts de chenilles sur plus de 200 pieds de longueur. Naturellement, sur les 10 ou 15 premiers mètres, ces malheureuses bêtes furent en une seconde écrasées brutalement par les roues de la machine ; mais la masse graisseuse de ces milliers de petits corps gras adhérait si fortement aux roues que bientôt celles-ci ne trouvaient presque plus d'adhérence pour avancer. Comme chaque pas en avant ajoutait par l'écrasement des chenilles une nouvelle couche de graisse sur les roues, celles-ci se trouvèrent tout à fait hors de service avant même d'avoir traversé la colonne de marche des chenilles.

Les papillons se réunissent souvent et émigrent quelquefois à de longues distances. On en voit parfois passer pendant plusieurs heures consécutives.

Le *petit **Papillon** blanc du Chou (P. rapæ)* (fig. 70 et 71) vit dans les mêmes endroits que le grand. Son aspect est d'ailleurs à peu près le même.

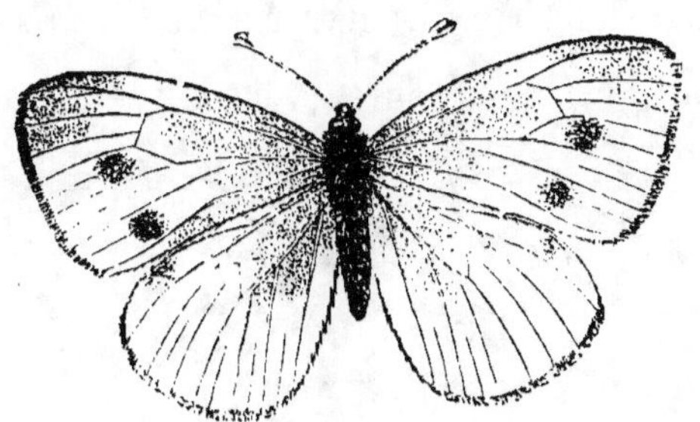

Fig. 70. — Petit Papillon blanc du Chou, papillon.

Fig. 71. — Petit Papillon blanc du Chou, chenille et chrysalide
sur la Capucine.

La chenille est vert sale et recouverte d'un duvet

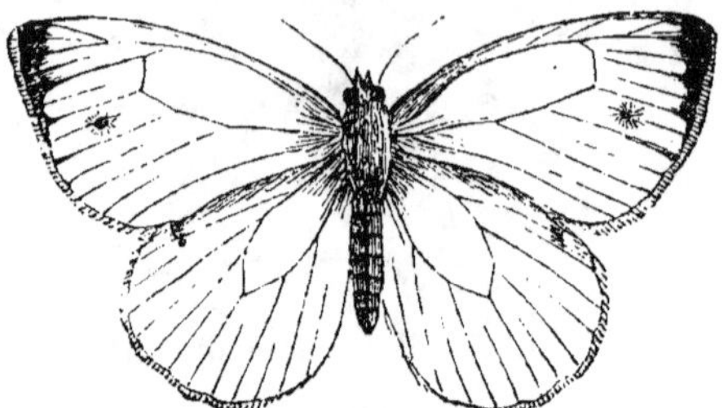

Fig. 72. — Piéride du Navet, papillon.!

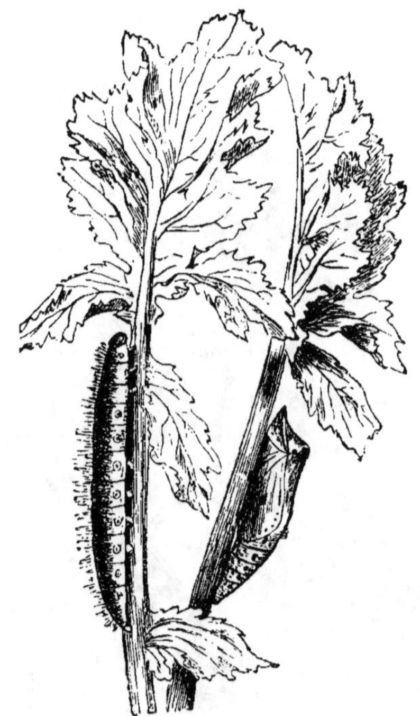

Fig. 73. — Piéride du Navet, chenille et chrysalide.

fin ; elle dévore aussi les choux et les raves, mais ne déteste pas non plus les capucines et les résédas.

La nymphose s'opère sur les murs. La ponte n'est pas réunie en amas, mais isolée.

La *Piéride du Navet* ou *Papillon blanc veiné de vert (P. Napi)* (fig. 72 et 73) recherche les endroits un peu touffus. La chenille se nourrit comme celle du petit papillon blanc.

Fig. 74. — Piéride aurore.

La *Piéride aurore* (fig. 74) vit, ainsi que sa chenille, sur diverses crucifères, notamment les *Brassica* et les *Cardamine*.

La *Piéride de l'Aubépine* ou *Piéride gazée (P. Cratægi)* (fig. 75) n'a pas les mêmes mœurs que les trois papillons dont nous venons de parler. Elle dépose des œufs en petits amas sur l'Epine noire, le Prunier et le Poirier. Les chenilles (fig. 76) se réunissent à plusieurs entre deux feuilles liées entre elles et à la branche par des fils de soie. Elles passent ainsi l'hiver, mais au printemps, elles se réveillent et dévorent les jeunes pousses.

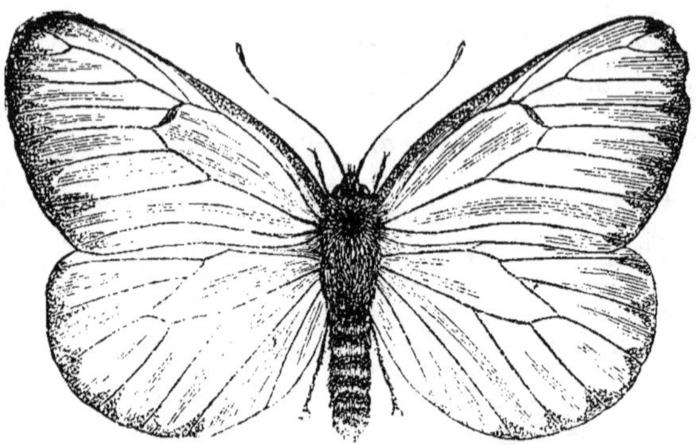

Fig. 75. — Piéride de l'Aubépine ou Piéride gazée, papillon.

Fig. 76. — Piéride de l'Aubépine ou Piéride gazée,
chenille et chrysalide.

Papilio. — Les *Papilio* comptent parmi les plus grands papillons de nos contrées.

Le *Papillon Machaon (P. Machaon)*, connu aussi sous le nom de *Papillon grand porte-queue*[1], voltige dans les jardins, les prés et les bois. Il vole lentement et se pose souvent sur les fleurs, tantôt les ailes à plat, tantôt les ailes relevées. On peut le capturer sans filet à papillons. La chenille vit

FIG. 77. — Papillon flambé ou Papillon Podalirius, au vol.

sur diverses Ombellifères ; quand on vient à l'exciter, elle frappe l'air tout autour de son corps et fait saillir de son premier anneau deux tubercules qui exhalent une désagréable odeur de beurre rance.

Le *Flambé (P. Podalirius)* (fig. 77 et 78) vit surtout dans les pays montagneux : on le capture

[1] Voy. p. 45, fig. 48.

cependant assez souvent dans les environs de Paris, où il vole dans les jardins. La chenille vit sur l'Epine noire, le Pêcher, l'Amandier, le Prunellier.

Fig. 78. — Papillon flambé ou Papillon Podalirius.

Le *Papillon grand flambé* est moins répandu que le précédent. Sa chenille vit sur l'Epine noire et les arbres fruitiers.

Colias. — Le *Soufre (Colias Hyale)* (fig. 79), d'un jaune pâle, est répandu dans les régions tempérées des deux continents. La chenille vit sur les Légumineuses agrestes *(Medicago, Trifolium,* etc.)

Le *Souci (Colias edusa)* habite les prairies sèches de toute l'Europe.

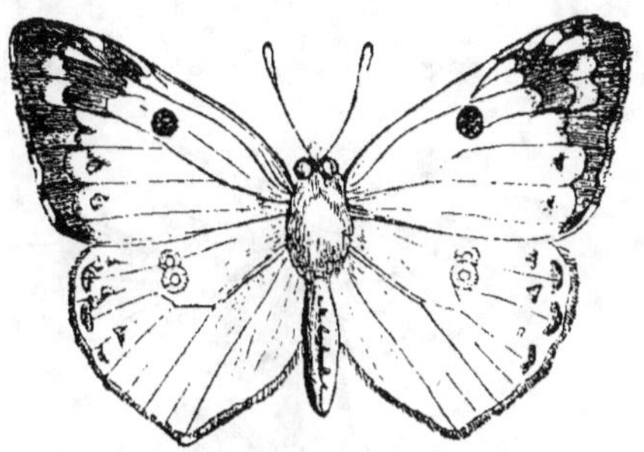

Fig. 79. — Soufre ou Colias hyale.

II. **Hétérocères ou Papillons crépusculaires**.

La plupart des Hétérocères volent au crépuscule ou pendant la nuit.

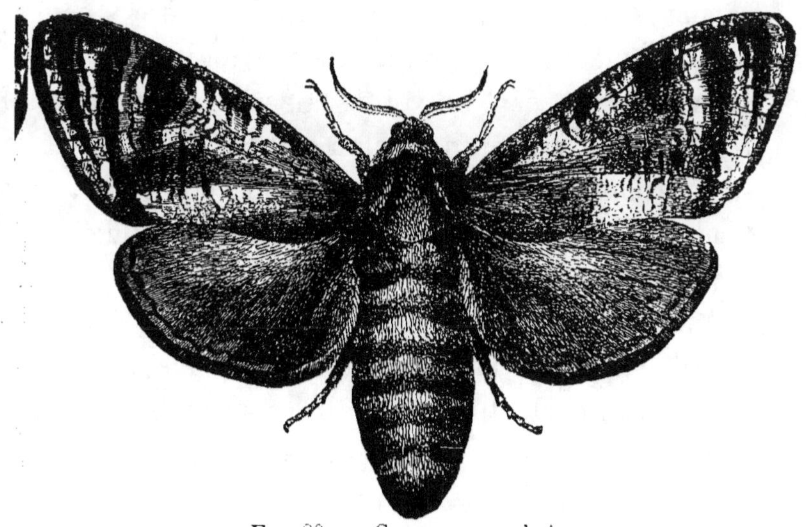

Fig. 80. — Cossus ronge-bois.

Cossus. — Le *Gâte-Bois (Cossus ligniperda)* (fig. 80) se rencontre dans les plantations d'arbres, appliqué sur le tronc que ronge sa chenille, les jambes antérieures rapprochées l'une de l'autre.

F_{IG}. 81. — Sésie apiforme.

Sesia. — La *Sésie apiforme* (fig. 81) rèssemble, comme son nom l'indique, à un hyménoptère ; aussi le débutant s'y trompe-t-il presque toujours et le laissent ils passer[1]. Le vol de la Sésie est extrêmement rapide ; elle fuit tout d'un coup sur une fleur et sans se poser, y plonge sa trompe, puis elle repart à fond de train. C'est un des papillons les plus difficiles à capturer au filet.

Acherontia. — Le *Sphinx tête-de-mort (Acherontia atropos)* (fig. 82) est remarquable par sa grande taille, il atteint de 110 à 140 millimètres. Mâle et femelle font entendre un petit cri plaintif. On

[1] Voy. plus haut *Mimétisme*, p. 40.

le rencontre à la fin de septembre, en octobre et en
novembre, volant le soir dans les campagnes, et

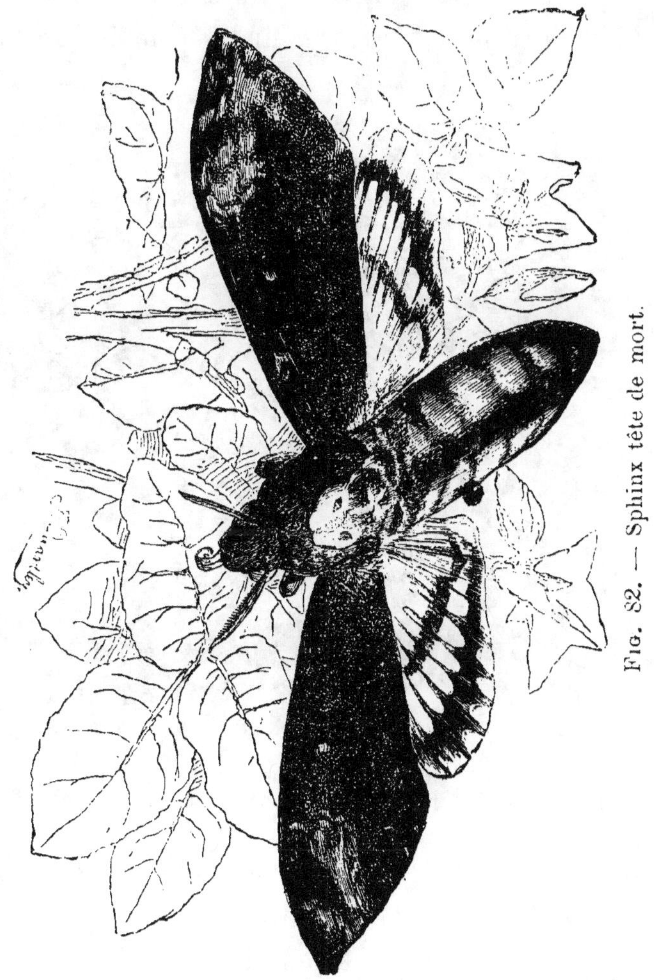

Fig. 82. — Sphinx tête de mort.

pénétrant souvent dans les chambres où une lampe est
allumée. Il ne se fait pas faute non plus de pénétrer

dans les ruches d'abeilles pour sucer le miel. Il produit, quand on l'irrite, un bruit strident, une sorte de sifflement, dont l'origine est encore inconnue.

La chenille vit surtout sur les pommes de terre,

FIG. 83. — Smerinthe demi-paon ou ocellé et sa chenille.

ainsi que sur le Lyciet, la Pomme épineuse, le Jasmin, la Carotte et la Garance.

La nymphose s'opère dans la terre.

Smerinthus. — Le *Sphinx du Peuplier (S. populi)* se rencontre sur les troncs des peupliers,

fréquemment accouplé. Ils se suspendent aux branches et ressemblent ainsi à des feuilles mortes.

Le *Sphinx demi-paon (S. ocellatus)* (fig 83) vit
au bord des prés, dans les oseraies et les jardins.

Le *Sphinx du Tilleul (S. tiliæ)* (fig. 84 et 85) est

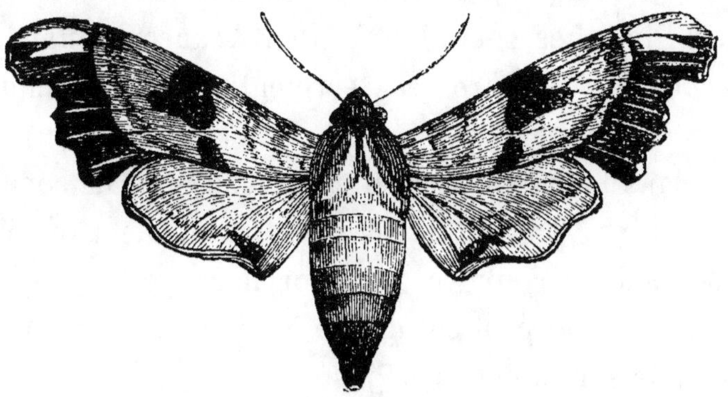

Fig. 84. — Smerinthe du Tilleul.

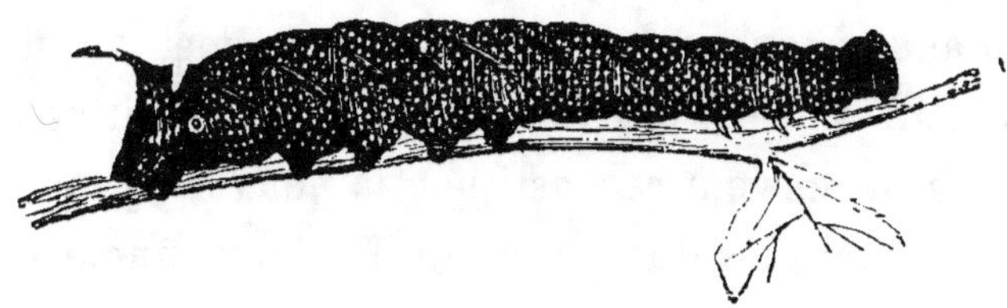

Fig. 85. — Smerinthe du Tilleul, chenille.

commun dans toute l'Europe. Il est remarquable par
ses ailes déchiquetées.

Sphinx. — Le *Sphinx du Troène (S. ligustri)*
(fig. 86) se tient, pendant le jour, appliqué contre les
troncs des arbres. La nuit, il vole en produisant un

bourdonnement assez fort. La chenille (fig. 87) vit sur les Lilas, les Troènes, les Chèvrefeuilles et les Spirées.

Le *Sphinx du Pin (S. pinastri)* (fig. 88) vit dans le voisinage des Pins. Comme on le voit sur la figure 89, la femelle agglutine ses œufs sur les aiguilles des Pins. Les chenilles s'agitent beaucoup quand on veut les prendre et sécrètent alors un liquide d'odeur nauséabonde.

Dans leur jeunesse, elles vivent tout au sommet des Pins ; on doit les récolter au moment où elles descendent pour se métamorphoser en nymphes. Celles-ci se récoltent d'ailleurs facilement en creusant le sol au pied des Pins.

Les chenilles muent plusieurs fois de suite, et chaque fois, elles dévorent leur dépouille. On se demande à quoi peut leur servir un met aussi peu nutritif. Il n'est pas impossible que la chitine de la dépouille serve à reconstituer la nouvelle peau.

Les chenilles du Sphinx du Pin deviennent quelquefois assez abondantes pour nuire d'une manière sensible aux plantations.

Le *Sphinx du liseron* ou *Sphinx à cornes de bœuf (Sphinx convolvuli)* (fig. 90) paraît avoir été importé des pays chauds ; il traverse souvent l'Europe, venant d'Algérie. La chrysalide se reconnaît facilement à sa trompe détachée en forme d'anse.

F𝘪ɢ. 86. — Sphinx du Troène, papillon.   Fɪɢ. 87. — Sphinx du Troène, chenille

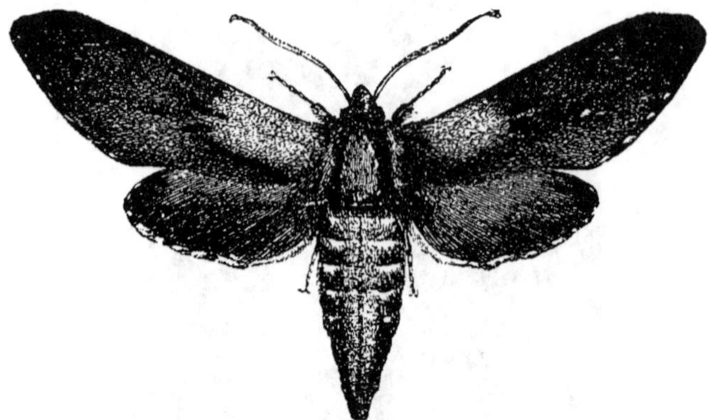

Fig. 88. — Sphinx du Pin, papillon.

Fig. 89. — Sphinx du Pin, chenille.

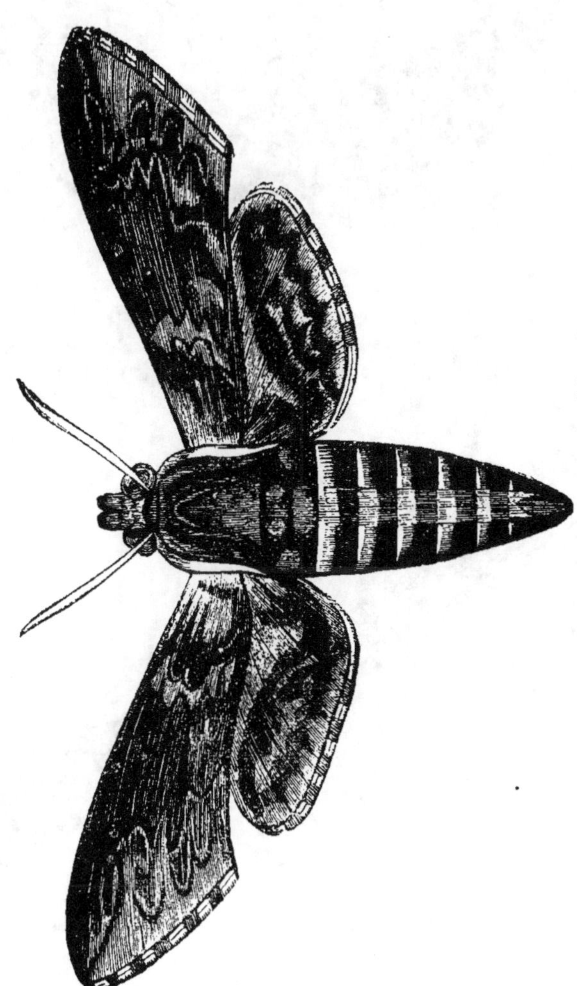

FIG. 90. — Sphinx du Liseron.

Deilephila. — Le *Sphinx de l'Euphorbe* ou

Fig. 91. — Sphinx de l'Euphorbe, papillon.

Fig. 92. — Sphinx de l'Euphorbe, chenille.

du Titymale (D. Euphorbiæ) (fig 91 et 92) est très commun dans les régions calcaires.

Les chenilles s'élèvent très facilement en captivité.

Le *Sphinx de la garance (D. galii)* se rencontre dans les régions où l'on cultive la garance.

Fig. 93. — Sphinx du Laurier-Rose.

Fig. 94. — Chenille du Sphinx du Laurier-Rose.

Chœrocampa. — Le *Sphinx du Laurier-Rose (C. Nerii)* (fig. 93 et 94) est commun sur le littoral de la Provence. Ce n'est pas un papillon indigène, mais un papillon de passage Il nous vient d'Afrique.

Le *Phénix (C. Celerio)* est aussi méridional.

Le *Sphinx de la Vigne (C. Elpenor)* (fig. 95) butine dans les jardins.

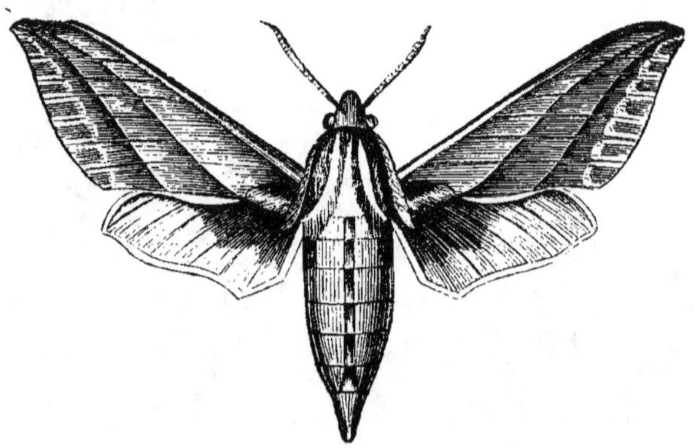

Fig. 95. — Sphinx de la Vigne.

La chenille vit sur les feuilles d'*Epilobium*, de *Galium*, de *Fuchsia* et de *Circœa*.

Macroglossa. — Les Macroglossa volent très rapidement en plein soleil ; ils butinent sur les fleurs sans se poser.

La *Macroglosse du Caillelait (Macroglossa stellatarum)* (fig. 96) vole dans les jardins ou le long des murs ; à l'arrière-saison, elle entre souvent dans les maisons pour hiverner.

Zygœna. — Les Zygènes se trouvent dans les prairies élevées, les clairières des bois, les coteaux cal-

caires ; ils volent pendant le jour. Ils restent très
longtemps accouplés et peuvent être alors facilement
capturés.

A citer le *Sphinx de la Filipendule (Z. Fili-*

Fig. 96. — Macroglosse du Caillelait et sa chenille.

pendulæ) (fig. 97), qui porte sur son aile antérieure, d'un gris bleuâtre, à reflets bronzés, six
taches d'un rouge carmin et d'égale grandeur ; les
deux médianes sont un peu obliques et rapprochées.
La chenille vit sur le Plantain, le Trèfle, le Lotus

corniculé, le Pissenlit, le Myosotis, etc. Elle est
d'un jaune clair, ornée de taches noires, disposées
en rangées et peu velues (J. Kunckel d'Herculais).

Fig. 97. — Zygène de la Filipendule, papillon, chenille,
cocon naviculaire.

Fig. 98. — Zygène du Trèfle.

Le *Sphinx des prés (Z. trifolii)* (fig. 98) n'est
pas rare dans certaines parties de la France, notamment à Compiègne et dans les régions montagneu-

ses; il se plaît à voltiger dans les prairies humides (J. Kunckel d'Herculais).

Le *Sphinx des Graminées (Z. lonicerœ)*.

Le *Sphinx de l'Esparcette (Z. carniolica)*.

Le *Sphinx de l'Achillée (Z. Achilleœ)*.

Le *Sphinx de la Bruyère (Z. Fausta)*.

Procris. — Les *Procris* volent en plein jour dans les prairies et les pelouses.

La *Turquoise (Procris statices)* est assez commune.

Aglaope. — Le *Sphinx des haies (A. infausta)* est commun dans le midi de la France, volant par essaims autour des haies.

Heterogynis. — L'*Heterogynis penella* est remarquable en ce que la femelle est absolument dépourvue d'ailes et a l'apparence vermiforme : elle reste en repos sur le cocon d'où elle est sortie.

Syntomis. — Le *Sphinx du Pissenlit (S. phegea)* vole, en se posant de préférence sur le thym et la lavande.

Lithoria. — Le *Manteau à tête jaune (L. complana)* vole autour des clématites, sur les coteaux secs.

Callimorpha. — L'*Ecaille marbrée (C. dominula)* se rencontre dans les lieux humides et ombragés.

Nous représentons le *Callimorpha Hera* (fig. 99).

Fig. 99. — Callimorphe Héra.

Chelonia. — L'*Ecaille martée (Chelonia Caja)* (fig. 100) est commune dans les jardins.

Fig. 100. — Ecaille martée ou Chélonie Caja, papillon et chenille

Liparis. — Le *Zigzag à ventre rouge (L. mona-*

cha) se rencontre dans les bois d'une certaine étendue, appliqué sur les troncs d'arbres.

Le *Zigzag (Liparis dispar)* est commun partout.

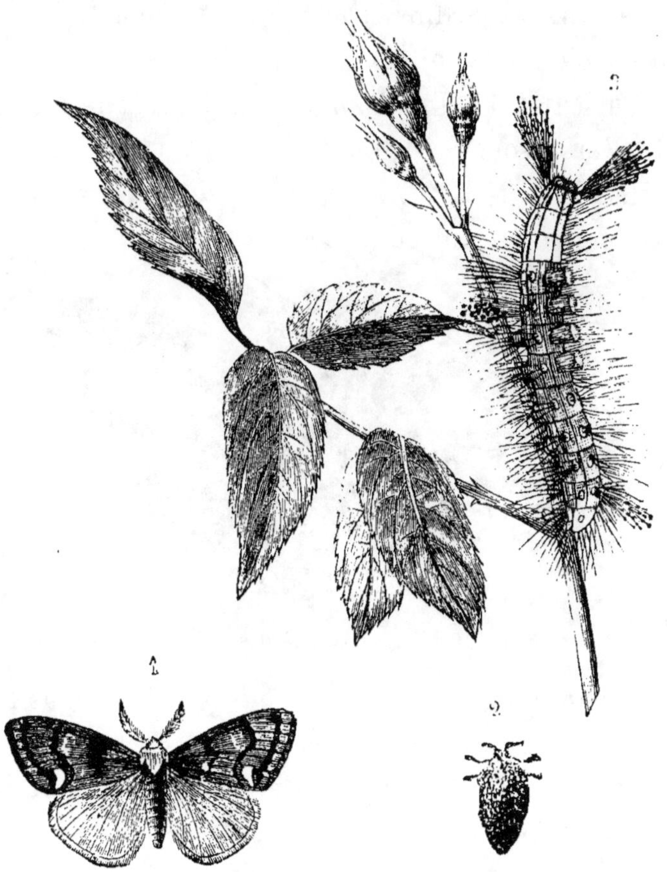

FIG. 101 à 103. — Orgye antique; 1, mâle; 2, femelle aptère;
3, chenille.

L'*Apparent (L. salicis)* est commun près des
Saules.

Le *Liparis chrysorrhæa* est fréquent dans les jardins.

Orgya. — L'*Orgya antiqua* (fig. 101 à 103) mâle vole dans les jardins et les haies. La femelle n'a que des moignons d'ailes.

Sericaria. — Le *Sericaria mori* est le Papillon du Ver à soie [1].

Bombyx. — La *Livrée (Bombyx Neustria)* est commune partout en juillet.

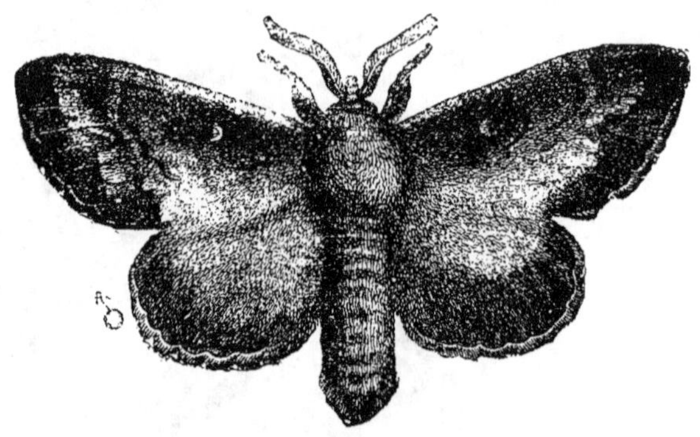

Fig. 104. —·Lasiocampe des Sapins, mâle.

Lasiocampa. — Les *Lasiocampa* dont nous figurons une espèce, le Lasiocampe des Sapins (fig. 104), ressemblent à des paquets de feuilles mortes ; elles ne volent qu'au début de la nuit [2].

Noctuléiens. — Les Noctuelles n'ont pas toutes les

[1] Voyez Brehm et Kunckel, *Merveilles de la nature, les Insectes*, t. II, p. 335. — Léo Vignon, *La Soie au point de vue scientifique et industriel*, Paris, 1890.

[2] Voyez plus haut, p. 31.

mêmes mœurs. Les unes volent le jour, butinent sur
les fleurs à la manière des Sésies. Les autres ne com-
mencent à s'agiter qu'à la nuit tombante ; leur vol est
suspendu au début, puis, quand le temps fraîchit,
elles restent immobiles sur les fleurs, en se gorgeant
de nectar. Elles sucent aussi les fruits fendus et les
pucerons. Pendant le jour, elles se cachent sous les
écorces, dans les creux des rochers. Quand on vient à
les faire tomber, elles simulent la mort : on peut les
piquer sur place, mais l'épingle doit être introduite
bien verticalement. Il est préférable de les tuer avec
le flacon à cyanure de potassium.

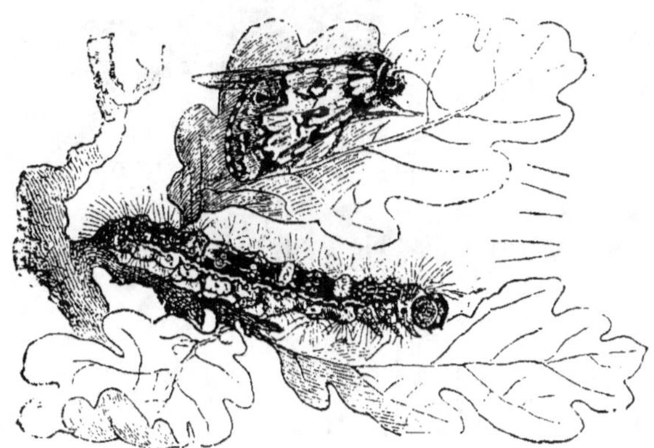

Fig. 105. — Diphtère Orion, papillon et chenille sur une feuille
de Chêne.

Le *Diphtère Orion (Diphtera Orion)* (fig. 105)
est un très joli papillon, dont le thorax est revêtu
de poils caducs, sur lequel les écailles alaires forment des huppes latérales ; l'abdomen et les ailes

antérieures ont une teinte fondamentale d'un vert clair et des marques noires et blanches. L'Orion se voit souvent en mai et en juin ; il repose sur les troncs d'arbre, la tête en bas ; sa belle chenille se rencontre quelques semaines plus tard, d'abord en colonies sur les chênes ; elle descend le long d'un fil, lorsqu'elle redoute quelque danger (J. Kunckel d'Herculais).

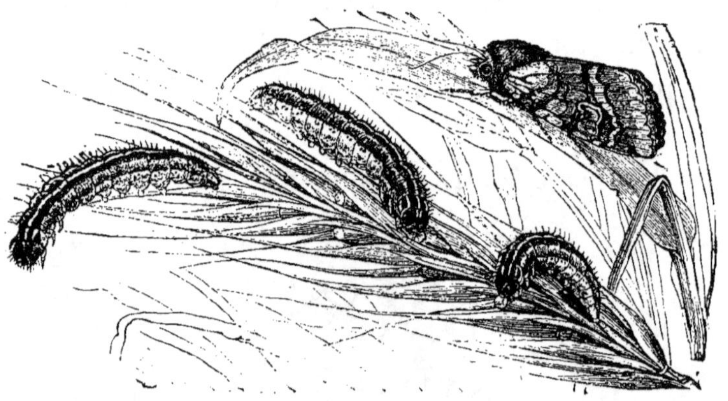

Fig. 106. — Hadéne du Chiendent, papillon et chenille sur un épi de seigle

L'*Hadène du chiendent (Hadena basilinea)* (fig. 106) de couleur brun de cuir, parfois teintée de gris, a des ailes antérieures d'une nuance plus roussâtre au bord antérieur et dans l'aire médiane. Elle vole autour des graminées. Après l'accouplement, la femelle pond plusieurs œufs sur les tiges d'herbes et sur les feuilles dont la chenille devra se nourrir plus tard et qu'elle dévorera pendant la nuit, à partir du haut, tandis qu'elle se tiendra cachée à la base pendant le jour. Ces herbes peuvent être aussi bien des céréales cultivées, telles que le Seigle et le Froment ; dans ce cas, les chenilles rongent les grains encore tendres (J. Kunckel d'Herculais).

La *Noctuelle* ou *Mamestre du Chou (Mamestra brassicæ)* (fig. 107) est la terreur des jardiniers et surtout des maraîchers. Ses chenilles ravagent, de

Fig. 107. — Noctuelle ou Mamestre du Chou.

Fig. 108. — Noctuelle des fourrages, papillon et sa chenille.

juillet en septembre, les plantations de Choux et de Choux-Fleurs, dont elles perforent les feuilles en pénétrant souvent jusqu'au cœur, où elles s'installent ; c'est là que nos ménagères les trouvent en épluchant leurs légumes (J. Kunckel d'Herculais).

La *Noctuelle des fourrages* (fig. 108) *(Neuronia popularis)* et la *Noctuelle du Gramen (Neuronia cespitis)* (fig. 109) ne sont pas rares.

FIG. 109.   FIG. 110.
Noctuelle du Gramen.   Noctuelle méticuleuse.

La *Noctuelle méticuleuse (Brotolomia meticulosa)* (fig. 110) a la lisière de l'aile antérieure déchiquetée d'une façon peu ordinaire parmi les Noctuelles. Ces ailes sont d'un jaune de cuir un peu rougeâtre ; les marques de l'aire médiane sont d'un brun olivâtre. Ce joli papillon apparaît deux fois dans l'année : d'abord au mois de juin, puis en août et septembre (J. Kunckel d'Herculais).

La *Noctuelle des Sapins (Trachera piniperda)* (fig. 111 et 112) apparaît surtout après les fortes chaleurs. En mai, la femelle pond ses œufs par rangées de six à huit, sur les aiguilles des Pins et des Sapins.

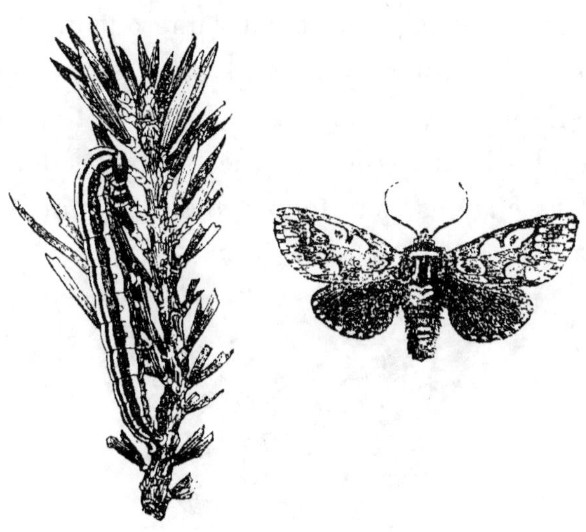

<table>
<tr><td>Fig. 111. — Noctuelle
des Sapins, chenille.</td><td>Fig. 112. — Noctuelle
des Sapins, papillon.</td></tr>
</table>

Fig. 113. — Noctuelle des Moissons.

La *Noctuelle des Moissons (Agrotis segetum)* (fig. 113) est le papillon du *ver gris*. Elle est très commune et très nuisible. Elle se montre chaque année, non seulement importune, mais réellement nuisible, dans les champs et dans les jardins, tantôt dans une contrée, tantôt dans une autre. D'août à octobre, elle fait sentir ses ravages, sans se laisser voir elle-même, sur les Raves, les Betteraves, les Choux, les Pommes de terre, les semailles d'automne dans les champs, sur toutes sortes de plantes dans les jardins (J. Kunckel d'Herculais).

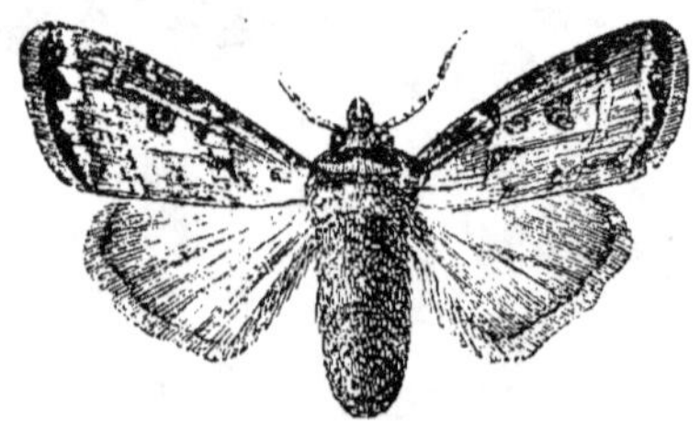

Fig. 114. — Noctuelle point d'exclamation.

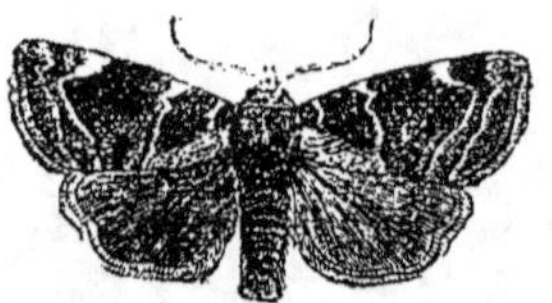

Fig. 115. — Noctuelle de l'Orme.

La *Noctuelle point d'exclamation* (fig. 114) a les ailes antérieures d'un gris rouge et jaunâtre et ne portant presque point de marque, sauf les trois taches foncées caractéristiques des Noctuelles. Elle cause des dégâts fort importants et exerce ses ravages sur toutes les plantes cultivées.

A citer aussi la *Noctuelle de l'Orme* (fig. 115).

Amphidasis. — La *Phalène des Bouleaux (Amphidasis betularia* (fig. 116 à 118) a une teinte blanche fondamentale qui se retrouve partout, sans en excepter le corps, ni les antennes, ni les pattes, avec un semis de poussières brun noirâtre. Beaucoup de ces mouchetures se confondent çà et là, pour former des taches et des lignes, surtout au bord antérieur de l'aile antérieure. Le mâle, remarquable par sa taille bien plus petite, se distingue en outre de la femelle par son corps grêle et ses antennes pectinées sur deux rangs jusqu'à leur pointe exclusivement. Ce papillon éclôt en mai ou en juin ; il repose sur les arbres pendant le jour, mais l'étendue et la couleur claire de ses ailes permettent de le découvrir souvent fixé à un tronc d'arbre avec les ailes entrebâillées ; il vole la nuit.

Hibernia. — L'*H. defoliaria* voltige au commencement de l'hiver. La femelle aptère grimpe sur les troncs d'arbres.

Fidonia. — Le *Fidonia à plumet (Fidonia plumistaria)* habite le midi de la France.

Cheimatobia. — La *Cheimatobie hiémale (C. brumata)* est un des derniers papillons que l'on rencontre à la fin de la saison. La femelle, très

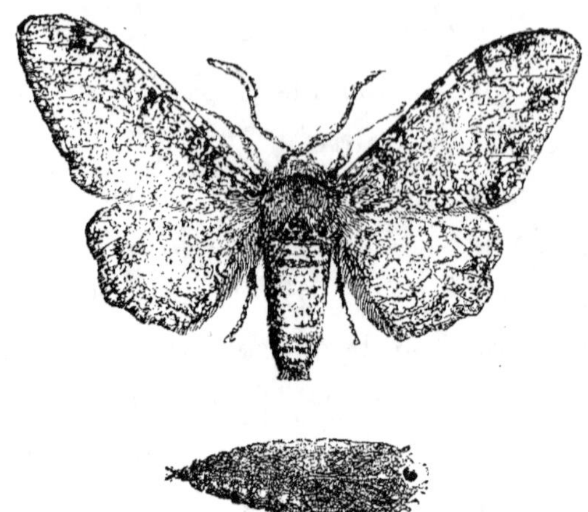

Fɪɢ. 116 et 117. — Phalène des Bouleaux, papillon et chrysalide. .e

Fɪɢ. 118. — Phalène des Bouleaux, chenille.

curieuse à étudier, n'a que des ailes rudimentaires.

Abraxas. — Le *Phalène des Groseilliers* (fig.
119) a des ailes, qui portent, sur un fond blanc, des

Fig. 119.— Phalène des Groseillers, papillon, chenille. chrysalide.

rangées de points noirs; sur la base et entre les
deux dernières bandes transversales, assez voisines
sur l'aile antérieure, ainsi que sur les côtés du corps,
apparaît en troisième lieu la teinte jaune d'œuf. La
femelle fécondée pond au mois d'août ses œufs jaune-
paille, par petits groupes, entre les nervures des
feuilles de plantes ligneuses diverses, notamment
des Groseillers communs, des Groseillers à maque-
reau, des Pruniers, des Abricotiers dans nos jardins,
des Nerpruns et des Prunelliers dans nos campagnes.
On rencontre le papillon pendant le jour dans les
buissons et les haies.

La *Phalène de la Centaurée* (fig. 120) a une teinte fondamentale blanc laiteux, relevé de marques colorées : une tache gris noirâtre antérieure et une large ligne ondulée d'un rouge grisâtre adossée à

Fig. 120 et 121. — Phalène de la Centaurée et Lythrie purpurine.

la lisière font un charmant contraste. Elle vole la nuit.

La *Lythrie purpurine (Lythria purpurina)* (fig. 121) a un vêtement de teinte rouge. Les ailes du mâle sont d'un beau vert olive ; celles de la femelle sont d'un jaune d'ocre parfois plus sombre et se trouvent ornées de deux ou trois raies transversales d'un rouge pourpre ; mais ces raies n'atteignent pas toujours le même développement, en ce sens que la postérieure peut être simple, double ou seulement bifurquée en avant (J. Kunckel d'Herculais).

CHAPITRE III

LES CHENILLES

Métamorphoses. — Anneaux. — Tête. — Ocelles. — Changements de régime. — Filière. — Pattes. — Téguments. —
Attaques des Ichneumons. — Colorations. — Vie. — Nourriture.

Métamorphoses. — Les papillons ont des métamorphoses *complètes*, c'est-à-dire qu'ils ne sortent
pas de l'œuf avec la même forme que l'adulte.

Anneaux. — Les chenilles ont un corps cylindrique, allongé, qui rappelle celui des vers, et formé
d'anneaux successifs (fig. 122). Il y a d'abord en
avant la tête, puis en arrière trois anneaux thoraciques, et enfin neuf anneaux abdominaux.

Tête. — Les antennes sont très rudimentaires.

Ocelles. — Sur la tête, on ne voit pas d'yeux com-

posés, comme chez l'adulte, mais, à droite et à
gauche, six petits points qui représentent autant
d'*ocelles* ou de *stemmates*, c'est-à-dire d'yeux
simples.

Changement de régime. — C'est un fait remarquable, que le changement du régime qui s'opère
quand la chenille devient papillon. Aussi, tandis que
la bouche des papillons est *lécheuse*, celle des
chenilles est *broyeuse*. Elle est conformée pour
manger les objets plus ou moins durs, comme celle
des Coléoptères. Il y a d'avant en arrière deux mandibules tranchantes, deux mâchoires munies chacune
d'un très petit palpe, et enfin une lèvre inférieure.
Celle-ci est percée d'un trou par lequel sort le fil
avec lequel la chenille fabrique son cocon. Ce fil
sort donc en avant et non en arrière, comme chez
les araignées.

Sur les côtés du corps, on voit très bien les stigmates largement ouverts et souvent bordés d'un filet
coloré.

Pattes. — Les pattes des chenilles sont de deux
sortes :

1° Les *vraies pattes* portées par les anneaux du
thorax et formées d'articles, articulés les uns avec
les autres ;

2° Les *fausses pattes*, portées par les anneaux postérieurs de l'abdomen et simplement formées d'une

Fig. 122. — Lasiocampe feuille-morte, chenille.

expansion des téguments terminée en ventouse à l'extrémité.

Ce sont les six paires de pattes antérieures qui correspondent seules aux trois paires de pattes habituelles.

La face plantaire des fausses pattes est garnie d'une couronne de crochets, recourbés à leur extrémité.

Fig. 123. — Cossus ronge-bois, chenille.

Chez les chenilles dites *arpenteuses*, il n'y a que les derniers anneaux de l'abdomen qui portent des pattes membraneuses. Aussi l'animal, pour marcher, est-il obligé de recourber son corps en arc pour rapprocher les pattes membraneuses des vraies pattes : il a l'air d'arpenter le terrain.

Certaines chenilles *(Catocala)* peuvent sauter en se détendant brusquement.

Beaucoup peuvent s'enrouler sur elles-mêmes et

se laisser choir en restant suspendues par un fil,
qui leur permet de remonter au point où elles se
trouvaient.

Téguments. — Les téguments des chenilles sont
très variés.

Ils peuvent être absolument dépourvus de poils
(*Sésia*, *Sphinx*, etc.).

D'autres ont la peau granuleuse et des plaques cal-
leuses très étendues *(Cossus ligniperda)* (fig. 123).

Beaucoup sont couvertes de poils, parfois très
longs. Ces poils sont uniformément répandus à la

Fig. 124 et 125. — Verrucosités des chenilles de *Saturnia
Cecropia*, d'après A. L. Clément.

surface du corps ou localisés en un certain nombre
de touffes ou de pinceaux.

Il y a aussi souvent des tubercules armés d'épines
et pouvant se rétracter plus ou moins à l'intérieur
du corps (fig. 124 et 125).

Chez la plupart des Sphingiens, il y a sur le

onzième anneau une corne conique recourbée en arrière.

Les chenilles des *Harpya*, des *Stauropus*, etc., affectent des formes bizarres (fig. 126).

Certaines chenilles, celles des Mélitées et des Argynnes notamment, possèdent en avant de la première paire de vraies pattes, une glande qui sécrète un liquide acidulé que l'on pense devoir servir à ramollir les aliments et faciliter ainsi la mastication.

Les chenilles de quelques papillons s'enveloppent d'un fourreau confectionné avec leur propre soie ou avec des objets extérieurs, soit des débris de laine, soit des débris de plantes, soit même de petits cailloux.

Il n'y a pas d'écailles chez les chenilles, comme il y en a chez les adultes.

Les couleurs souvent brillantes des chenilles sont dues à des matières colorantes qui imprègnent les téguments.

Attaques des Ichneumons. — Quand on élève des chenilles, on les voit souvent se traîner péniblement comme si elles étaient malades.

Au bout de quelques jours, elles s'arrêtent, et on assiste alors à un spectacle extraordinaire qui plonge les débutants dans la stupéfaction. En effet, de toutes les parties du corps de la chenille on voit sortir une grande quantité de larves sans pattes

Fig. 126. — Harpya et Stauropus : Jeune chenille : chenille ayant atteint toute sa taille ; cocon, chenille de la Harpye du Hêtre.

ni yeux, qui de suite se mettent à filer et à s'entourer
d'un petit cocon de soie jaune.

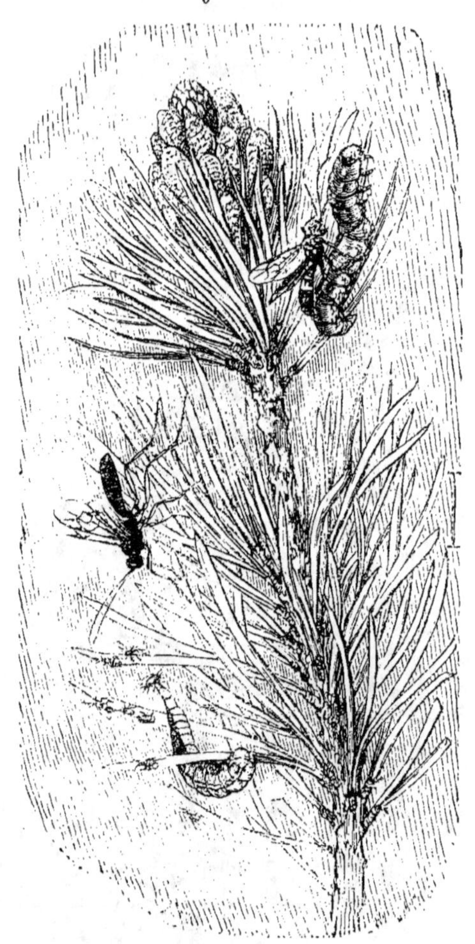

Fig. 127. — Les Ichneumonides (Excuterus et Bassus). Excutère
marginé déposant un œuf dans une larve de Laphyre (gr. nat.).
Bassus à taches blanches guettant une larve de Syrphe (gr. nat.).

On pense au premier abord que ce sont de petites

de chenillles, nées de la première. Il n'en est rien ;
ce sont des larves d'un Hyménoptère du groupe
des *Ichneumons*. Ces insectes sont munis d'une
tarière très aiguë, grâce à laquelle ils percent la

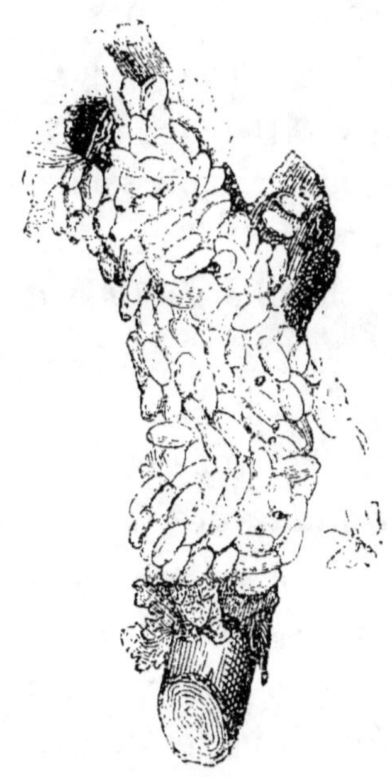

Fig. 128. — Microgaster des bois (gr. nat.). Parasite du Bombyx
du Pin. Les cocons tissés par ces larves autour du cadavre de la
chenille.

peau des chenilles et ils déposent dans leur corps un
certain nombre d'œufs, lesquels ne tardent pas à
donner des larves.

Après la sortie de ces dernières, la chenille vit
encore quelques jours, mais ne tarde pas à mourir.

Dans la figure 127, on voit un Ichneumon déposant ses œufs dans une chenille; cette opération se fait très vite, la chenille n'a pas le temps de s'en apercevoir. La figure 128 représente la sortie des larves et la confection des cocons.

Coloration. — Les chenilles présentent dans une même espèce des variations considérables de la coloration. Ces changements sont en grande partie dus à l'alimentation.

Cependant la chenille de *Chesias spartiata* qui vit sur le Genêt se présente, en même temps, soit en vert assez foncé, soit en *jaune terne, uni, sans dessins*. Mais c'est là une exception.

L'*Enthecia centaureata* est jaune pâle sur le *Linaria vulgaris*, vert d'eau sur le *Linaria minor*, blanc verdàtre sur le *Tanacetum*, jaune sur le Persil en graine, blanc avec des lignes rouges sur l'*Eupatorium cannabinum*.

Les chenilles changent souvent de peau; entre deux mues, leur volume augmente et leurs couleurs se modifient.

Nourriture. — La nourriture des chenilles est surtout végétale.

Certaines d'entre elles cependant s'attaquent à des matières d'origine animale, telles que les peaux, les étoffes, la cire, le miel, etc.

Souvent des espèces phytophages deviennent accidentellement carnivores. Ce fait est fréquent dans les boîtes d'élevage, où elles arrivent à s'entre-dévorer, au grand désespoir du collectionneur.

Il est impossible, d'après les caractères extérieurs des chenilles, de dire à quel sexe elles donneront naissance. Du moins c'est là l'état actuel de la science ; nul doute que les travaux ultérieurs ne viennent le contredire. On croit avoir remarqué que les grosses chenilles donnent plutôt des femelles et que les petites donnent plutôt des mâles ; il n'est pas impossible d'ailleurs que l'alimentation ait une certaine influence sur le sexe.

Durée de la vie. — La durée de la vie des chenilles est très variable.

La plupart cependant mangent énormément et se transforment rapidement en nymphes.

Celles qui naissent à la fin de l'été passent l'hiver à l'état léthargique. Il en est même, telles que le *Cossus ligniperda*, qui passent trois hivers avant de se transformer.

Les unes vivent librement à la surface des plantes qu'elles dévorent, les autres se protègent soit à l'aide d'une feuille repliée sur elle-même, soit avec une enveloppe de soie, où elles vivent souvent à plusieurs.

CHAPITRE IV

LES CHRYSALIDES

Abdomen. — Couleur. — Mouvements. — Progression. — Vie.
— Habitats. — Cocons. — Sortie du papillon.

Quand la chenille a mué plusieurs fois et a atteint son maximum de taille, elle entre dans une phase d'immobilité et se transforme en chrysalide.

Une chrysalide est un corps ordinairement renflé en avant, pointu en arrière (fig. 129), formé extérieurement d'un tégument dur et à l'intérieur d'une bouillie blanche dans laquelle l'anatomie ne peut déceler aucun organe.

Abdomen. — L'abdomen se montre formé d'anneaux, mais la tête n'est pas distincte de l'abdomen, on y distingue cependant des parties en saillie qui représentent les ailes, les antennes et les yeux. D'abord relativement molle, elle durcit petit à petit jusqu'à l'éclosion du papilon.

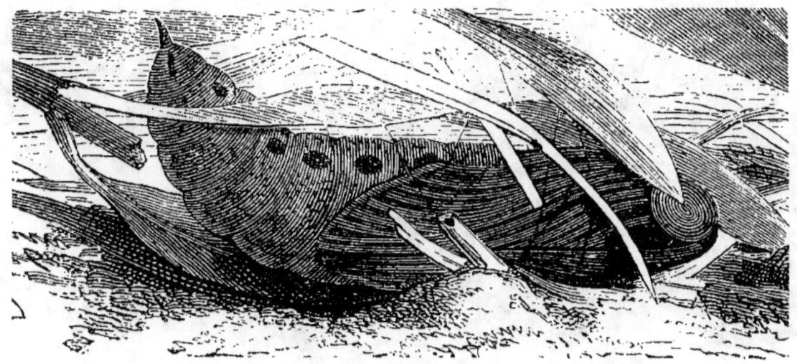

FIG. 120. — Sphinx du Laurier-Rose, chrysalide.

Les chrysalides sont le plus souvent immobiles; quelques-unes peuvent cependant remuer l'abdomen quand on les touche.

Couleurs. — La couleur est généralement brune.

Quelquefois on observe de brillantes couleurs : le vert, le jaune, le gris ne sont pas rares. Certaines chrysalides présentent des taches du plus beau doré; cette teinte est due à l'air interposé au-dessous de la cuticule très mince.

Mouvements et progression. — Les mouvements très faibles des chrysalides leur servent à se retourner dans l'endroit où elles se trouvent.

Quelquefois aussi ils servent à une véritable progression et sont alors très utiles. Ce cas se rencontre chez la *Sesia apiformis* (fig. 130), dont la chrysalide se forme dans le bois, au fond de trous profonds. Si le papillon éclosait à cet endroit, il se-

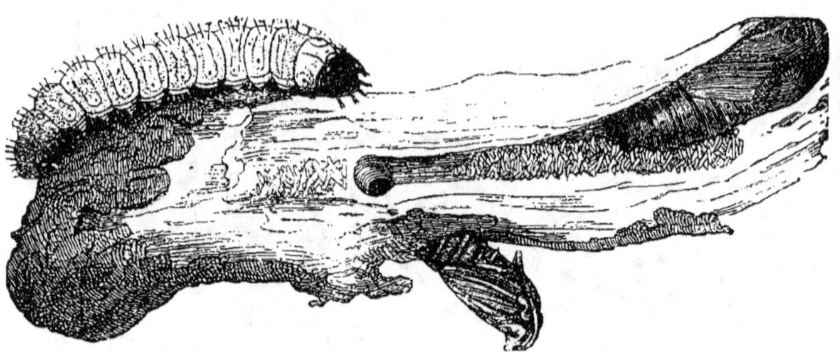

Fig. 130. — Sésie apiforme, chenille et chrysalide éclose et non éclose.

rait obligé pour sortir de frôler les parois du trou et de se détériorer ainsi gravement. Mais les choses ne se passent pas ainsi ; la chrysalide, grâce aux épines qui garnissent son corps, se hisse dans le trou et vient faire saillie au dehors. C'est à ce moment que la larve éclôt. Notre figure 82 représente la chrysalide dans son trou et à l'orifice.

Vie. — La durée de vie des chrysalides est encore plus variable que celle des chenilles et des papillons.

On en cite *(Attacus Piri)*, qui peuvent vivre pendant sept années.

La résistance au froid est, chez elles, considérable : elles peuvent être congelées complètement sans périr.

Habitats. — Les chrysalides reposent rarement à

nu sur le sol. Le plus souvent elles sont attachées par des fils ou enveloppées dans un cocon.

Chez les Rhopalocères, trois cas se présentent :

1° Les chrysalides sont attachées à un support par

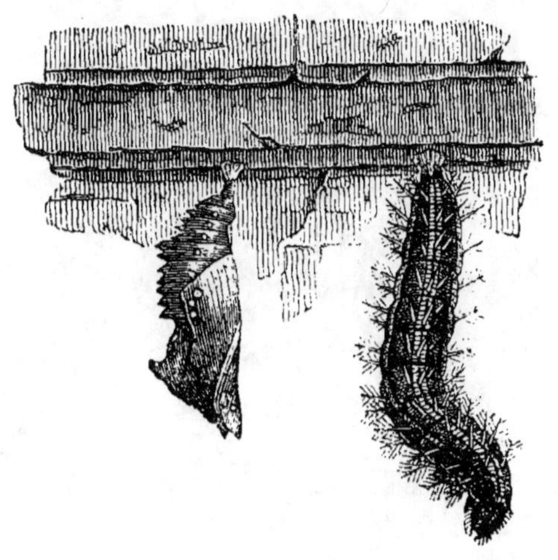

Fig. 131 et 132. — Vanesse grande Tortue, chrysalide et chenille (*suspendues*).

un paquet de fils fixés à leur partie postérieure : elles sont suspendues la tête en bas (fig. 131 et 132) ;

2° Les chrysalides sont attachées à la fois par la partie postérieure et par un anneau d'un ou plusieurs fils qui leur enserre le corps (fig. 133 et 134) ;

3° Les chrysalides s'enveloppent dans un léger réseau de soie, dans lequel sont englobées des feuilles (fig. 135).

Cocon. — Beaucoup d'Hétérocères s'enveloppent

d'un cocon formé d'un fil continu, enroulé plusieurs

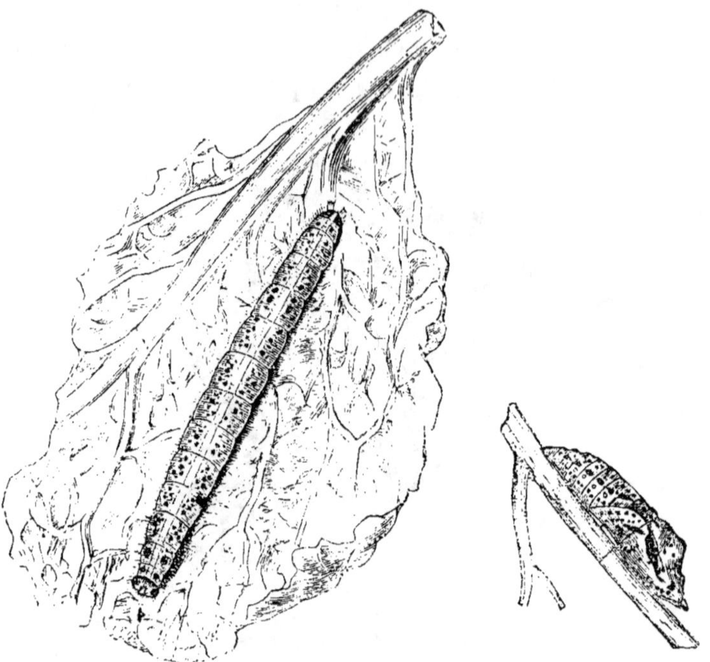

Fig. 133 et 134. — Piéride du Chou, chenille sur une feuille
de Chou et chrysalide.

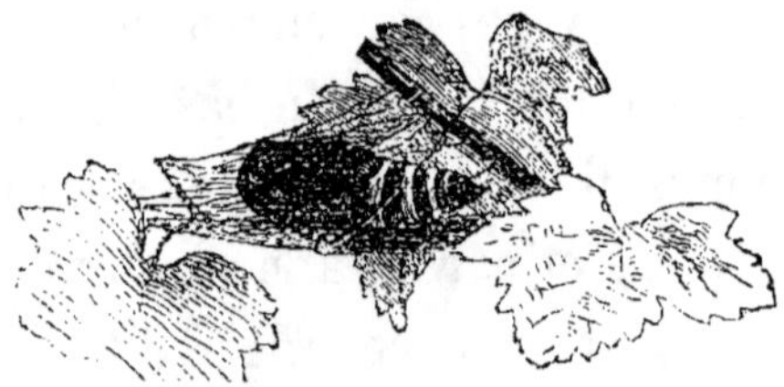

Fig. 135. — Abraxas du Groseillier, chrysalide dite enroulée, c'est-
à-dire maintenue entre les feuilles par quelques fils de soie

fois sur lui-même et réuni par une matière gom-
meuse soluble dans l'eau ou dans les lessives alca-

lines. Le rôle du cocon est double : il sert à protéger la chrysalide contre les agents extérieurs et à empêcher sa trop facile dessiccation (fig. 136).

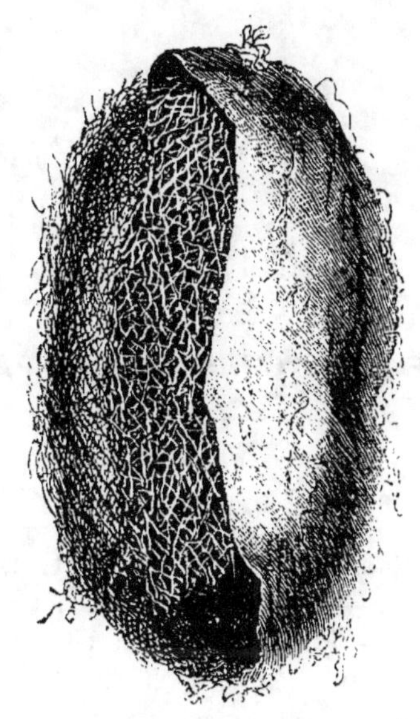

Fig. 136. — *Saturnia Selene*, cocon coupé pour montrer sa double enveloppe et la chrysalide attachée au réseau interne.

Le fil sort du corps de la chenille à l'état liquide : il se solidifie aussitôt son contact avec l'air.

Quelques chenilles englobent des feuilles, des branches ou des petits cailloux dans leur cocon.

Sortie du papillon. — A l'intérieur de la chrysa- lide se forme le papillon. La peau de la chrysalide se fend ; le papillon sécrète une salive qui dissout une partie du cocon et lui permet de sortir.

CHAPITRE V

L'ÉQUIPEMENT DU CHASSEUR DE PAPILLONS

Recommandations générales. — Feu sacré. — Ami. — Des papillons partout. — Excursions publiques. — Chaussures. — Sandales. — Vêtement. — Chapeau. — Conseils généraux sur les excursions. — Musette. — Boîte liégée. — Pince de chasse. — Loupe. — Flacon à cyanure. — Danger du cyanure. — Petite boîte liégée. — Tubes. — Boîtes à chenilles. — Épingles. — Pharmacie.

Recommandations générales. — Les conseils généraux que doit connaître le chasseur de papillons sont à peu près les mêmes que ceux du chasseur de Coléoptères, conseils que nous avons développés dans un livre analogue à celui-ci [1].

Quelque bizarre que puisse paraître cette recommandation le chasseur de papillons doit avant tout ne

[1] H. Coupin, *L'Amateur de Coléoptères*, 1894.

pas se préoccuper du « public ». S'il craint de se faire remarquer dans les rues de sa ville ou de son village, parce qu'il porte un grand filet sur le dos, s'il n'ose pas chercher sous une écorce, parce que des petits paysans le regardent et se moquent de lui, s'il craint de cueillir des plantes aquatiques, sous prétexte qu'une lavandière le nargue, il ne fera jamais de la bonne besogne. Il doit se dire aussi que le monde, le voyant collectionner « des mouches », le regardera comme un peu (disons le mot) détraqué et le traitera comme tel ; il devra laisser faire et laisser passer, sachant qu'il est certainement plus heureux que n'importe qui et qu'il trouve le bonheur à bon marché.

Tout vrai collectionneur doit aussi avoir ce qu'on appelle le « feu sacré » et considérer l'amour des insectes comme une véritable religion, pour laquelle il brûlera tous les jours de l'encens.

Au début de ses études, nous lui conseillerons également de chasser de préférence avec un de ses compatriotes, déjà versé dans la recherche des insectes.

Si par hasard, il n'en trouvait pas, il devrait se mettre en rapport avec un ami ayant les mêmes goûts ; à deux, on se met au courant bien plus vite, on échange ses idées, les débuts sont moins monotones. En outre, en excursion, il n'est pas toujours prudent de s'embarquer seul et un accident est plus vite écarté ou réparé à deux qu'à un seul. Le mieux même est de se grouper à plusieurs, les uns s'occupant des Papillons, les autres des Coléoptères, d'autres des Abeilles et de chasser tous ensemble. On apprend ainsi une foule de choses, sans se fatiguer et presque à son insu.

Une recommandation importante à faire à un *lepidoptérologue* est que l'on trouve des papillons *partout et en tout temps :* qu'il se promène sur une route ou même dans une rue, qu'il vaque dans son appartement, qu'il visite de vieux livres, de vieux papiers, etc., toujours il doit se dire qu'il peut y trouver des papillons. Dans le cas fréquent où il en rencontrera, il devra donc avoir dans ses poches une ou deux boîtes, ou simplement des épingles pour les embrocher.

Nous recommanderons aussi au chasseur de bien vérifier avant de partir s'il a tous les instruments nécessaires ; cette réflexion paraît banale, elle est en réalité très importante.

Faute d'un seul instrument, on peut perdre toute une journée de chasse.

Pous les plantes, on organise dans presque toutes les villes des herborisations publiques qui aident singulièrement les commençants. Depuis peu, on a organisé au Muséum d'histoire naturelle de Paris des excursions entomologiques : c'est une excellente idée.

Ces notions très générales étant données, passons en revue, rapidement, la façon dont on doit s'équiper pour chasser.

Chaussures. — Tout d'abord il faut avoir de bonnes chaussures, allant bien au pied, solides et, autant que possible, imperméables à l'eau : c'est là un point important à observer, car en marchant dans l'herbe ou sur le bord des étangs, on est sans cesse exposé à avoir les pieds mouillés et par suite à contracter des maladies, toujours désagréables et quelquefois dangereuses. Les bottes sont un peu lourdes ; mais des guêtres ne sont pas à dédaigner, surtout lorsqu'on va dans les fourrés et les taillis, riches en ronces et en épines.

La chaussure que je préfère de beaucoup à toutes les autres est la simple sandale à semelle de corde, qui présente les avantages multiples de ne pas fatiguer les pieds, de sécher rapidement quand elle est mouillée, de ne pas glisser sur les rochers comme les semelles de cuir et enfin d'être d'un prix très modique.

Vêtement. — Dans une excursion entomologique, on est sans cesse exposé à souiller ses vêtements ; on doit donc se vêtir très simplement.

Autant que possible, l'habillement doit être solide

et *léger*. De plus la chemise de flanelle est tout particulièrement à recommander, car elle laisse au cou une grande mobilité et elle évite les refroidissements brusques.

Quand le temps menace de tourner à la pluie, il est prudent de se munir d'un caoutchouc que l'on attache sur le corps en bandoulière. Le parapluie ordinaire est trop encombrant.

Je conseillerai vivement de garnir le paletot et le pantalon d'autant de poches qu'il est possible. On loge ainsi une grande quantité d'instruments que l'on trouve de suite, quand on sait où on les a placés.

Enfin, pour se protéger de l'action des rayons solaires et éviter les coups de soleil, il est nécessaire de bien se protéger la tête par un chapeau à large bord. Le chapeau mou rend à cet égard des services excellents : dans la campagne, on rabat ses bords sur les yeux et sur la nuque; quand on rentre en ville, on les relève de manière à avoir l'air plus « civilisé ».

Conseils généraux sur les excursions. — On peut chasser dans toutes les saisons, mais c'est surtout en été que les récoltes sont abondantes, aussi bien le matin que dans l'après-midi ou même la nuit.

Il ne faut pas faire d'excursions de trop longue durée, sinon les insectes s'accumulent dans les flacons et les échantillons finissent par se détériorer.

Quand on part dans une contrée sauvage, il faut, bien entendu, se munir de vivres en conséquence. Si la marche doit être pénible, comme dans les montagnes par exemple, on peut prendre avant le départ quelques gouttes de liqueur de Fowler ou un verre de vin de kola, qui soutiennent les forces.

Les endroits et les moyens de chasse sont, comme on le verra par la suite, extrèmement variés. Il ne faut pas que l'entomologiste songe à les mener tous de front : s'il avait à porter un écorçoir, un troubleau, un fauchoir, un crible, un parapluie, une nappe, une mailloche, etc., il ne tarderait pas à succomber sous le poids de son équipement, qui, d'ailleurs, le gênerait singulièrement.

L'excursion doit être avant tout arrêtée d'avance. On se munit d'une carte de l'état-major et l'on établit l'itinéraire : *il faut savoir quelle est la région que l'on va explorer*. Si l'on va dans des prés, on se munira d'un fauchoir; si l'on va dans un bois, on emportera un piochon, etc. On évite ainsi de se charger inutilement.

Dans ce chapitre, nous allons passer en revue les instruments qu'un entomologiste doit avoir toujours avec lui dans une excursion. Dans les chapitres suivants, nous verrons comment il doit compléter cet équipement, quand il ira chasser dans telle ou telle région.

Musette. — Avant toute chose, on doit s'arranger de façon à avoir les *mains constamment libres*, ou plutôt n'ayant à tenir que le filet classique de manière à ne pas être embarrassé et gêné, quand on voit un papillon digne d'être capturé.

Tous les attirails doivent être placés soit dans les poches, soit dans des gibecières.

Fig. 137. — Sac de touriste.

Le sac de touriste (fig. 137), que l'on porte sur le dos et que quelques naturalistes « en chambre » recommandent, doit être rejeté, à moins qu'il ne soit destiné à porter des vivres ou une couverture de voyage ou un caoutchouc, par conséquent dans

les excursions de longue durée ou en voyage ; on
ne doit jamais l'emporter avec soi pour une chasse
d'une journée.

Au contraire, la gibecière que nous figurons (fig. 138)

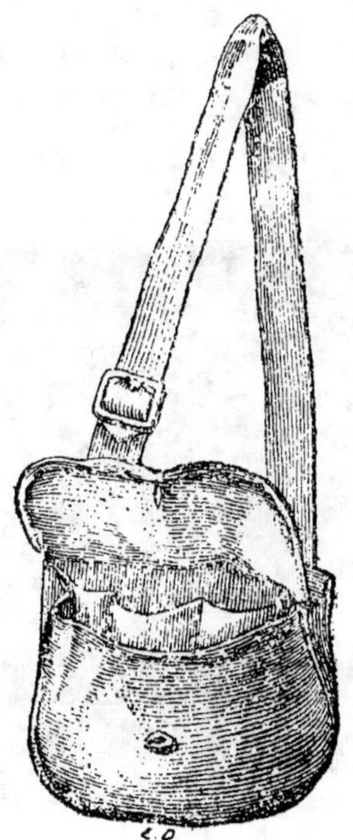

Fig. 138. — Gibecière.

est très pratique : toute en toile, légère, solide, le
sac est divisé en plusieurs compartiments, de façon
que les outils lourds ne se trouvent pas pêle-mêle
avec les flacons, les tubes et objets fragiles que
l'on a récoltés. La bandoulière est large de 5 cen-

timètres et appuie largement sur l'épaule qu'elle ne fatigue pas. C'est là un détail important, car si elle était étroite, appuyant constamment au même point, elle ne tarderait pas à faire souffrir plus qu'on ne le croirait.

On peut remplacer la gibecière par une simple musette de soldat, qui a le double avantage d'être très légère et de coûter fort bon marché.

Fig. 139. — Boîte liégée.

Boîte liégée. — Le deuxième appareil indispensable au chasseur de papillons est une boîte quadrangulaire en fer-blanc (fig. 139), généralement recouverte d'une couleur verte, et que l'on peut porter en bandoulière. Le fond de cette boîte est tapissé de liège et d'agavé; c'est là que l'on pique les papillons capturés.

Dans certains modèles, une des parties de l'intérieur est séparée du reste par une cloison spéciale et un couvercle propre : ce coin est destiné à mettre les chenilles et les chrysalides récoltées. Mais cette disposition n'est nullement pratique dans les excursions de quelque durée; la cavité n'est pas assez spacieuse pour contenir toutes les chenilles que l'on rencontre.

Fig. 140. — Pince de chasse, modèle de la Brûlerie.

La musette et la boîte liégée se portent en bandoulière sur les épaules, l'un à droite, l'autre à gauche, les deux courroies se croisant sur la poitrine et le dos. Avoir soin de placer le couvercle de la boîte liégée du côté du corps, pour l'empêcher de s'ouvrir pendant que l'on poursuit un papillon.

Pince de chasse. — Il est bon de se munir aussi d'une *pince*, destinée à saisir les petites chenilles et exceptionnellement les petits papillons. L'un des meilleurs modèles est la *pince de chasse de la Brûlerie* (fig. 140), qui a l'avantage d'être d'un prix très modique ; en excursion, on en perd presque toujours une ou plusieurs; dans l'ardeur de la chasse, on l'oublie près d'une pierre, d'une fleur, d'une écorce, pour poursuivre un insecte qui se sauve. Nous conseillerons même, bien que cela soit un peu gênant, d'attacher la pince à une ficelle assez longue et **fixée** d'autre part à la boutonnière du paletot. En temps de repos, on met la pince dans la poche supérieure gauche ou dans un gousset.

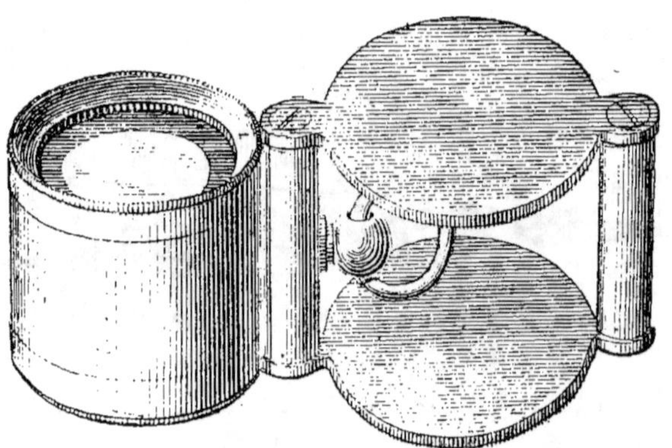

Fig. 141. — Loupe Coddincton.

Loupe. — Un instrument grossissant est parfois utile pour rechercher des œufs et des petites chenilles.

Les mono-, bi- ou tri-loupes à monture de corne dans laquelle on replie les verres, se recommandent par leur légèreté[1].

[1] Voy. H. Coupin, *L'Amateur de coléoptères*, Paris, 1894, p. 13.

La loupe Coddincton (fig. 141) se fait remarquer par la netteté des images qu'elle donne. Comme elle est d'un prix élevé, on fera bien de l'attacher solidement à un cordon qui fait le tour du col, comme les cordons de binocles.

Mais, en somme, on doit s'habituer à ne pas se servir de loupes ; avec un peu de pratique on y arrive facilement, à moins que l'œil soit presbyte ou hypermétrope.

Flacon à cyanure. — Pour tuer les petits papillons qu'il est impossible d'étouffer avec la main, on les tue en les plongeant dans le *flacon à cyanure*. Celui-ci consiste simplement en un col droit, au fond duquel on met des cristaux de cyanure de potassium et que l'on recouvre d'une rondelle de papier percée de petits trous. On doit fréquemment renouveler le cyanure, car il est très hygrométrique et détériore par suite les papillons fragiles qui viendraient à son contact.

Un modèle bien préférable à recommander est celui dans lequel le bouchon contient une ampoule de verre remplie de cyanure et disposée de façon à ce que l'évaporation se produise dans le flacon. L'orifice de cette ampoule est garni d'un tampon de ouate. De cette façon, le cyanure ne peut venir souiller les insectes.

On peut encore gâcher le cyanure avec du plâtre

et le couler au fond de la bouteille. Le plâtre durcit en se desséchant, mais laisse néanmoins se dégager les vapeurs d'acide prussique de son cyanure.

Recommandation importante : on ne doit jamais toucher le cyanure de potassium avec les doigts ni avec un instrument susceptible d'être porté à la bouche, car c'est un sel *extrêmement vénéneux*.

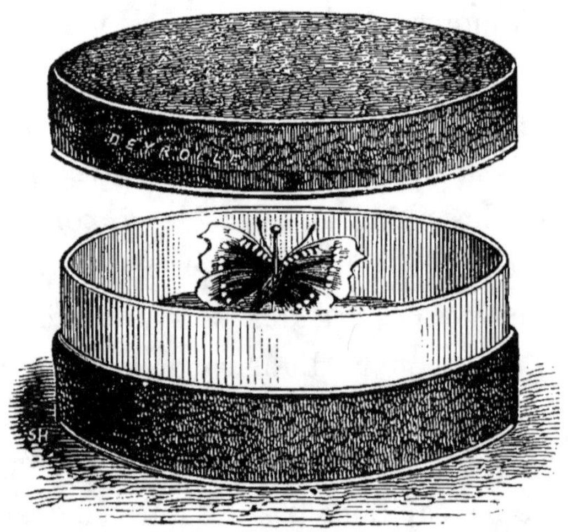

Fig. 142. — Carton de poche.

Petites boîtes liégées. — Certains papillons doivent être mis à part, soit à cause de leur petitesse, soit parce qu'ils sont couverts d'écailles ou d'une poussière spéciale, soit pour d'autres raisons. Il faut alors les piquer de suite ou bien les mettre dans des petits tubes spéciaux.

On peut les piquer dans des cartons de poche,

ovales, le fond garni d'agavé (fig. 142) ; on en trouve
dans le commerce de différentes grandeurs, de 18 centimètres sur 9 centimètres, à 9 centimètres sur
5 centimètres.

On vend aussi des boîtes ovales, liégées, en
fer-blanc (fig. 143). Pour qu'on puisse l'ouvrir

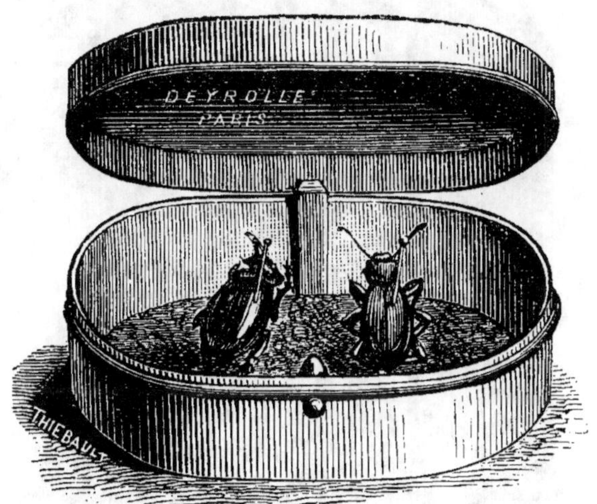

Fig. 143. — Boîte s'ouvrant à ressort.

d'une seule main, dans le cas où l'autre ne serait
pas libre, il suffit d'appuyer sur un bouton pour
qu'un ressort soulève le couvercle et maintienne
la boîte ouverte.

Tubes. — Pour les œufs et les nymphes destinés
à être rapportés vivants, on peut employer :

1° Des petits tubes de verre, placés isolément
dans la musette ; ils doivent être en verre épais ou

être enfermés dans une gaine en zinc. Il est bon de mettre au fond un peu d'ouate pour amortir les chocs.

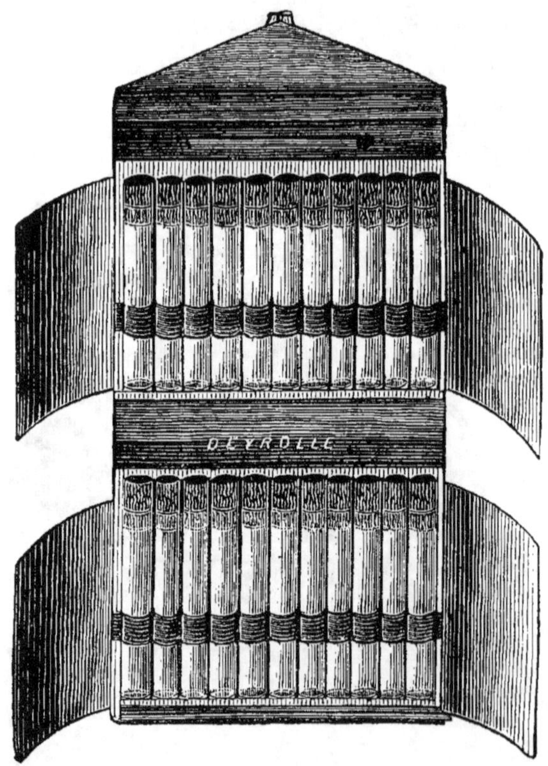

Fig. 144. — Trousse de tubes en forme de portefeuille.

2° Des tubes de verre, enfermés dans une trousse en forme de portefeuille, comme celle que nous représentons (fig. 144).

3° Des petits morceaux de bambou (fig. 145) bouchés aux extrémités par deux bouchons, l'un fixe, l'autre mobile.

4° Des morceaux de plumes d'oie ou d'aigle (fig.
146) bouchés de la même façon. J'emploie beaucoup
les tubes en bambou et en plumes, à cause de leur
légèreté et de leur solidité.

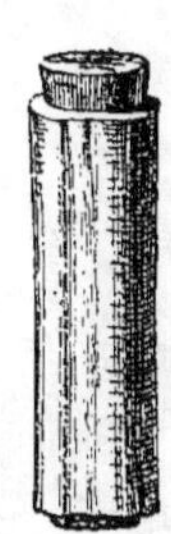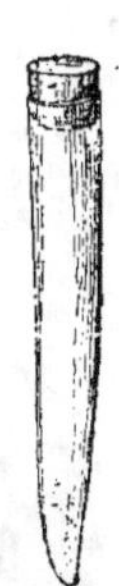

FIG. 145. — Tube en bambou. FIG. 146. — Tube en plume d'aigle.

Boîtes à chenilles. — Les chenilles destinées à
l'élevage doivent être rapportées vivantes.

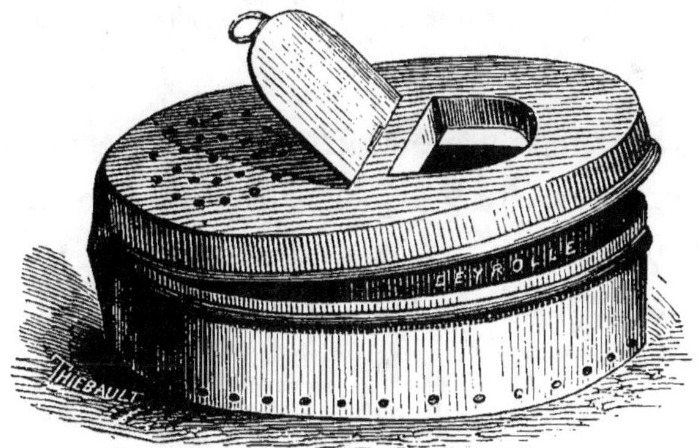

FIG. 147. — Boîte pour le transport des chenilles (avec trous).

On les mettra dans les tubes de verre, de bambou,
de plumes ou dans des boîtes quelconques. Les boîtes

vides d'allumettes suédoises sont excellentes. Les boîtes en bois pour échantillons destinés à être envoyés par la poste sont également très bonnes.

On pourra aussi employer très efficacement la *boîte à chenilles* ordinaire (fig. 147 et 148) qui est percée

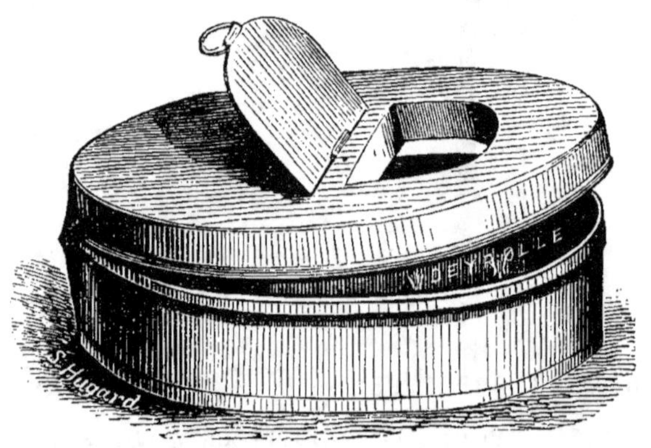

Fig. 148. — Boite pour le transport des chenilles (sans trous).

de trous laissant pénétrer l'air ; un système de fermeture permet, lorsqu'on introduit de nouvelles captures, de ne pas blesser celles qui y sont déjà : un trou, pratiqué dans le couvercle, garni d'une tubulure en métal, empêche les insectes de remonter vers l'ouverture et permet d'en mettre un certain nombre dans la même boîte sans les blesser et sans risquer qu'il s'en échappe lorsqu'on l'ouvre.

Il faut emporter un rameau de la plante sur laquelle a été trouvée la chenille pour lui donner de

la nourriture. Si elle se trouve sur du bois mort, on
en emporte aussi un fragment.

Les nymphes doivent être mises dans des tubes ou
des boîtes entourées d'ouate bien complètement.

On devra aussi se munir d'un carnet et d'un
crayon, pour prendre des renseignements sur le vif.

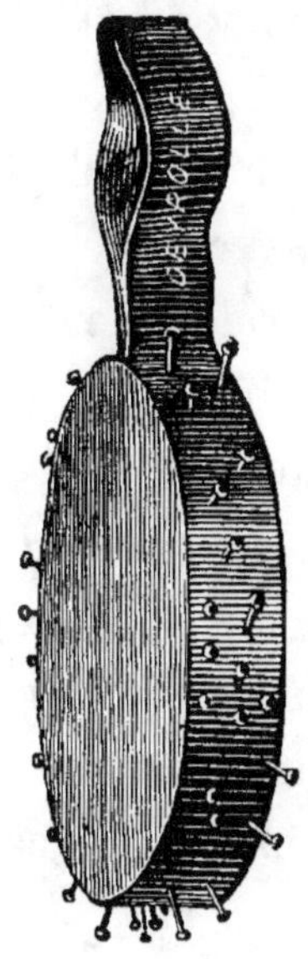

Fig. 149. — Pelote à épingles.

Epingles. — Il est indispensable de se munir de
nombreuses épingles de plusieurs calibres, que l'on
porte fixées à une pelote attachée à un bouton du
paletot (fig. 149).

Pharmacie. — En excursion, on est sans cesse
exposé à divers accidents. Il serait trop long de les

énumérer tous ici, avec leurs remèdes appropriés[1] : la noyade, les chutes, etc., sont évitées avec un peu d'attention ; un camarade dans ce cas est souvent très utile. Nous nous contenterons de recommander aux chasseurs d'insectes de se munir des quatre objets suivants :

1° Un flacon d'ammoniaque étendue d'eau, pour les piqûres d'hyménoptères ;

2° Un crayon de nitrate d'argent, pour cautériser *de suite* les morsures de serpents et d'animaux enragés (il faut évidemment venir immédiatement consulter un médecin) ;

3° Quelques morceaux de taffetas gommé, pour appliquer sur les petites blessures et les éraflures de la peau, ou mieux un peu d'oxyde de zinc en poudre que l'on applique sur l'éraflure et qui la dessèche et cicatrise immédiatement ;

4° Une lame d'amadou, en cas d'hémorragie abondante.

Nous terminons ici la description des appareils et les préceptes généraux nécessaires à un entomologiste. Comme nous l'avons déjà dit, *il doit savoir où il va chasser*, autant que possible. Dans chacune des excursions, il s'équipera d'une façon spéciale, comme nous le verrons dans les chapitres suivants.

[1] Voy. Saint-Vincent, *Médecine des familles*, 11ᵉ édition, Paris, 1894.

CHAPITRE VI

CHASSE AUX PAPILLONS ADULTES

Chasse au filet. — Filet à ressort. — Filet Martin. — Capture
des papillons diurnes. — Papillote. — Chasse avec la boîte
à sucre. — Chasse à la pince de gaze. — Capture des microlépidoptères. — Capture des gros papillons. — Chasse sur
les troncs d'arbres. — Chasse à l'aide d'odeurs. — Chasse à
la lanterne. — Chasse au piège Peyerimhoff. — Chasse au
parapluie. — Parapluie ordinaire. — Modèle Uzac. — Chasse
à la miellée.

La récolte des papillons adultes, la seule que pra-
tiquent les personnes qui collectionnent sans but
scientifique, est en somme fort mauvaise, car elle ne
donne que très rarement des exemplaires intacts. Il
n'y a que dans des cas assez spéciaux, surtout lorsqu'il s'agit de petites espèces, qu'elle donne des résultats satisfaisants. Ce mode de récolte varie d'ail-

leurs, suivant qu'on a affaire à des papillons diurnes ou nocturnes et à des individus à abdomen mince ou large.

Chasse au filet. — La plupart des papillons diurnes, c'est la chasse classique, se capturent à l'aide du *filet* dit à *papillons*.

Filet ordinaire. — Le type le plus simple de filet (fig. 150) est constitué par un long manche en bambou très léger et solide. A son extrémité est emmanché un cercle en fer d'environ 30 centimètres de diamètre, auquel est attaché un filet conique en gaze verte, réuni au cercle par une bande de toile verte repliée sur elle-même et formant coulisseau. La couleur verte, quand on chasse dans les prés, se confond avec la teinte des herbes et n'effraie pas les papillons. Cet appareil volumineux n'est guère goûté que des enfants qui sont très fiers de se poser en « naturalisses », mais il ne convient que médiocrement aux vrais amateurs qui ont la sainte horreur des badauds.

Généralement, le filet peut être séparé du manche (fig. 151 et 152) et ne lui être réuni qu'au moment psychologique.

Le filet peut aussi se plier en deux ou en quatre parties (fig. 153 à 156) et se mettre par suite sans difficulté dans la musette ou même dans la poche. Quant au manche, on le porte simplement à la main et il

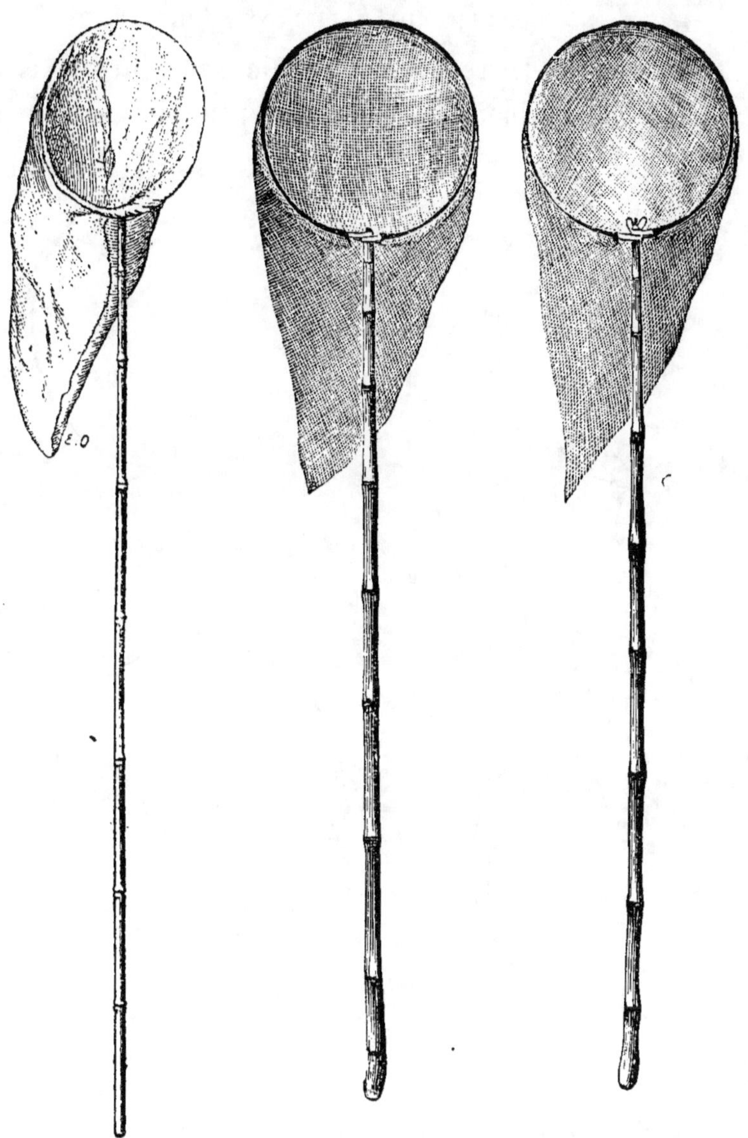

Fig. 150.
Filet à papillons
à cercle fixe.

Fig. 151 et 152.
Filets à papillons
à cercle démontable.

n'attire pas les regards du public; son allure de canne
à pêche est bien faite d'ailleurs pour lui mériter les

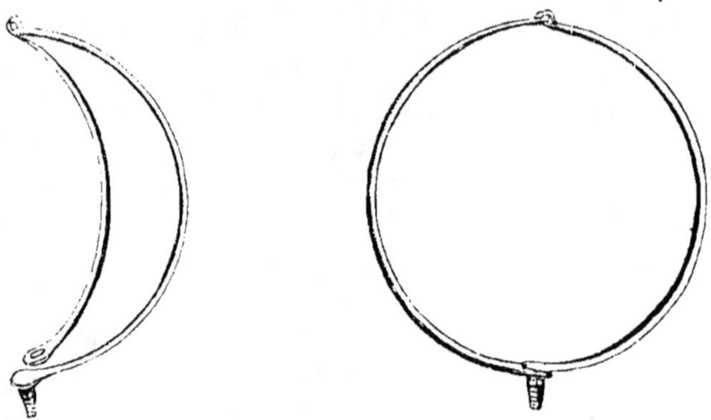

Fig. 153 et 154. — Cercles de filets à papillons
pouvant se plier en deux.

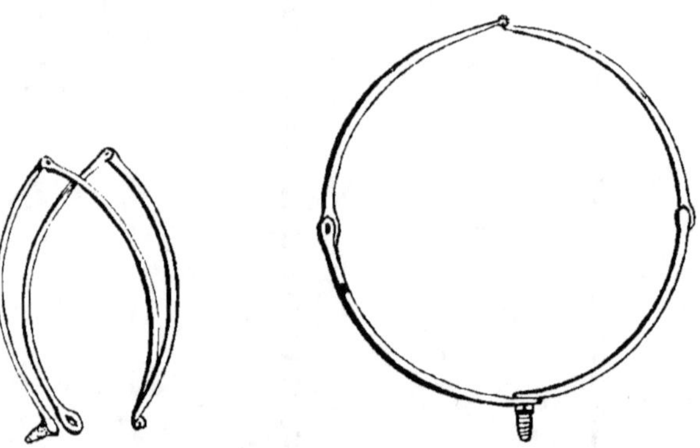

Fig. 155 et 156. — Cercle de filet à papillons pouvant
se plier en quatre.

sympathies des flâneurs, qui ont généralement un goût
très marqué pour la pêche à la ligne. Enfin, pour les
naturalistes qui veulent cacher ce dernier vestige de

leur passion, il existe des manches pouvant se diviser
en deux ou trois morceaux qui se mettent facilement dans la poche intérieure du paletot, mais qui
ont l'inconvénient assez grave d'être lourds, par
suite des vis et écrous nécessaires pour les réunir.

Filet à ressort. — Il existe un autre type, dit
filet à ressort (fig. 157). Le cercle de ce filet est

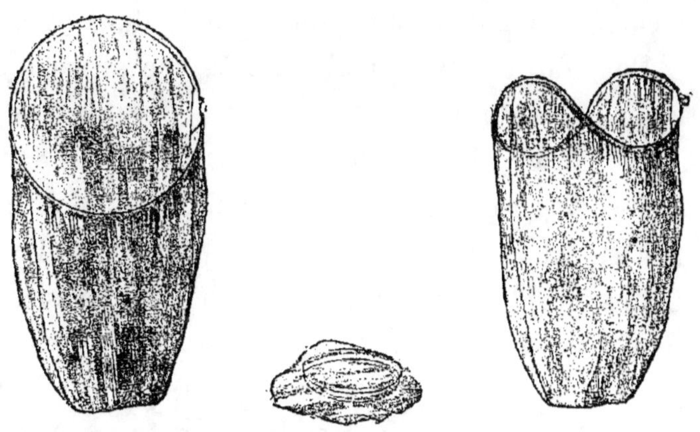

FIG. 157. — Filet à ressort.

constitué par un ressort d'acier qui se replie de
telle sorte qu'il se met facilement dans la poche. Il
a le très grand avantage de ne tenir qu'une très
faible place dans la poche et d'être toujours prêt à
fonctionner. Le filet étant monté sur la canne, il suffit, pour le mettre en poche, de dévisser le cercle et
de tenir d'une main la vis en cuivre filetée, de l'autre la partie opposée. Ceci fait, on tend le cercle de

manière à lui faire prendre la forme d'un 8 de chiffre et on continue à tordre dans le même sens, jusqu'au moment où le cercle forme trois petits cercles.

Filet Martin. — Un autre modèle est celui du *Filet Martin* (fig. 158). Il se compose essentiellement de deux parties[1] : une canne creuse et une monture portant le cercle et la poche ; lorsque le filet est fermé, la monture entre tout entière dans la canne.

Pour faire usage du filet Martin, on procède de la façon suivante :

La poche et la monture étant renfermées dans la canne, on tire en dehors cette monture que l'on fixe à frottement dur sur la canne ; puis en appuyant l'extrémité supérieure du système sur une partie résistante, on pousse fortement, mais sans dureté. Les deux baleines d'acier, qui doivent former le cercle se tendent jusqu'au moment où elles forment un cercle parfait ; à cet instant même, le goujon a s'engage dans l'œil b, pendant que le fourreau e descend jusqu'à ce qu'il soit arrêté et fixé par le ressort d qui prend appui sur le point e ; le filet est ainsi en état de fonctionner.

Pour démonter le filet, on engage le goujon a à l'aide du doigt, en appuyant légèrement sur le cercle, la patte portant l'œil b, les baleines d'acier se

[1] *Le Naturaliste*, 1892.

détendent en partie ; puis plaçant sur les points *ff* le
petit doigt et l'index, on appuie, pendant que le pouce

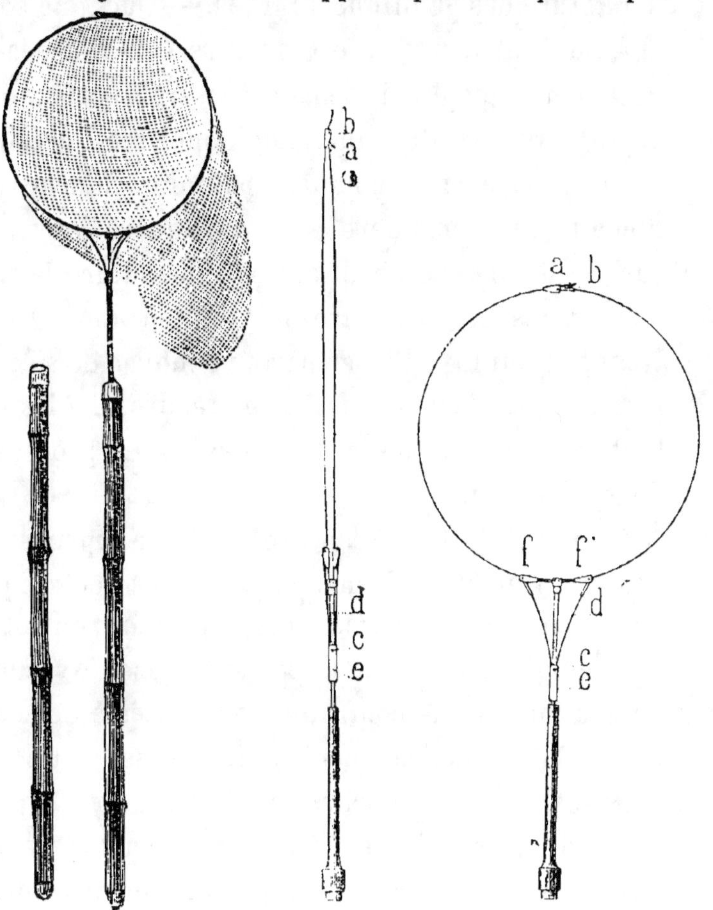

FIG. 158. — Filet à papillons Martin.

presse sur le ressort *d*, de façon à le dégager de l'ar-
rêt *c* qui permet au fourreau *e* de reprendre sa po -
sition primitive.

Ce modèle est un peu lourd.

Capture des papillons diurnes. — Quel que soit le modèle du filet, on s'en sert toujours de la même façon.

Quand un papillon vient à passer à portée, on le capture avec le filet, au fond duquel il est précipité.

Les novices ne manquent pas alors d'abattre le filet à terre de manière à en appliquer l'ouverture sur le sol ; ils cherchent alors à introduire la main au-dessous et à prendre le papillon tout vivant. Neuf fois sur dix, l'insecte trouve moyen de s'échapper, et, quand on a réussi à le prendre, il a les ailes tout ébréchées et les écailles enlevées. Ce procédé est donc à rejeter.

Le mieux est, la capture faite, d'imprimer un demi-tour au filet[1], de manière à fermer l'entrée pour empêcher la fuite du prisonnier ; cela fait, on l'oblige à se réfugier au fond de la poche de gaze ; avec mille précautions, on le contraint peu à peu à demeurer immobile et, délicatement, lorsque ses ailes sont relevées, on lui comprime le thorax entre le pouce et l'index, afin de le tuer rapidement sans qu'il puisse se débattre. Les lépidoptérologues disent qu'en agissant ainsi on étouffe le papillon ; il n'y a là qu'une simple périphrase imagée ; en réalité, par la compression on a désorganisé les centres nerveux

---

[1] Brehm, *Les Insectes*, tome I.

thoraciques, mais nullement anéanti les fonctions respiratoires. On introduit alors la main dans le filet, puis on le retourne pour recevoir la victime ; ses ailes sont généralement fermées, un léger souffle les entr'-ouvre et, armé d'une longue épingle à insecte, on le transperse par le milieu du thorax. On le pique ensuite dans la boîte à papillons faisant passer l'épin - gle au milieu du corselet et de telle façon qu'elle ressorte entre les deux dernières pattes.

Ce moyen de tuer les captures n'est applicable qu'aux diurnes, dont le corps proprement dit est assez mince et chez lesquels par conséquent la compression n'amène pas de dégâts sensibles.

Papillotes. — Dans les courses de longue durée, particulièrement en voyage, on ne pique pas les papillons, mais on les met en *papillotes*. Une papillote est un carré de papier qu'on plie en triangle, de manière à pouvoir replier la partie restante pour la fermer. C'est entre les deux triangles de papier que l'on met le papillon, les ailes rabattues l'une sur l'autre. Ces papillottes peuvent s'empiler en grand nombre dans une boîte, sans que les insectes qu'elles contiennent soient détériorés.

Chasse avec la boîte à sucre[1]. — Les papillons

---

[1] Capus et de Rochebrune, *Guide du naturaliste préparateur et du voyageur scientifique*, 2e édition, 1883.

peu craintifs qui vivent au repos sur les troncs
d'arbres, peuvent être pris sans beaucoup de peine à
l'aide de la boîte à sucre, que représente la figure 159.
C'est une petite boîte cylindrique dont le fond est
formé par de la gaze, et dont le plafond est une

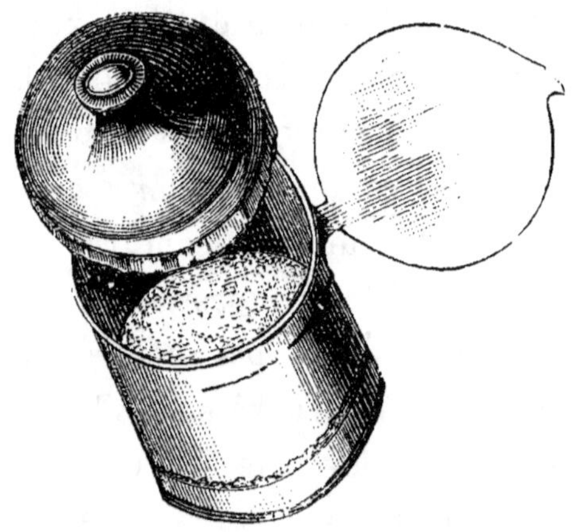

Fig. 159. — Boîte à sucre avec piston et valve

sorte de valve qui peut tourner dans une charnière. Pour s'en servir, on ouvre la valve et on place
le cylindre sur l'insecte qui tend à s'échapper naturellement du côté qui est fermé par la gaze. Alors la
valve est fermée et un piston en liège est appliqué
contre elle. On ouvre de nouveau la valve et on
glisse le piston dans le cylindre, jusqu'à ce qu'on
puisse saisir l'insecte et le tuer à travers les mailles
de la gaze.

De cette manière, on peut également piquer l'insecte sur le piston en liège, retirer celui-ci et repiquer l'insecte dans la boîte de chasse.

Chasse à la pince de gaze. — Pour capturer les papillons au moment où ils butinent sur les fleurs, on emploie quelquefois une pince spéciale dont les mors sont terminés par de larges raquettes tendues de gaze (fig. 160).

Fig. 160. — Pince à raquettes.

C'est un mauvais instrument, car il ne donne de bons résultats que si l'on a la chance de prendre le papillon bien à plat, ce qui permet de le piquer au travers de la gaze. Mais cela n'arrive pas souvent.

Capture des Microlépidoptères. — Pour les petits papillons, les Microlépidoptères, qui sont d'une délicatesse extrême, il faut des précautions inimaginables pour ne pas les détériorer. Pour arriver à ces résultats, on enferme petit à petit le papillon dans un pli du filet, après quoi on le fait tomber dans le flacon à cyanure. Il faut une certaine habileté pour ne pas le toucher et pour ne pas le laisser s'envoler. Le papillon dans la bouteille s'agite quelque peu, mais bientôt il tombe foudroyé. C'est ainsi que l'on capture les *Adèles*, dont on trouve des légions au printemps au voisinage des buissons.

Généralement, quand on capture un Microlépidoptère, il est bon d'agiter les plantes voisines pour faire envoler leurs hôtes, car ils vivent souvent un grand nombre ensemble.

Capture des gros papillons. — Avec le filet on capture quelquefois des papillons à thorax et à abdomen volumineux, que l'on ne peut tuer par la simple pression des doigts.

Ceux-là, on les transperce, quand ils sont encore dans le filet, avec une longue épingle. On les retire ensuite vivants et on les pique tels quels dans la boîte liégée, les pattes posées sur le fond afin qu'ils se débattent moins. On les anesthésie de retour à la maison.

« Pour les très gros Lépidoptères, Sphinx, Bombyx, Noctuelles, un très bon moyen de les tuer et d'empêcher leur altération par les longues convulsions de l'agonie, est d'enfoncer dans le thorax, une longue aiguille en cuivre ou d'argent, métaux très bons conducteurs de la chaleur, et d'en chauffer l'extrémité libre à la flamme d'une lampe à alcool ou d'une bougie, en tenant entre les doigts le thorax de l'insecte, et l'empêchant de battre des ailes ; au bout de quelques instants d'échauffement interne, la mort survient. On retire aussitôt l'aiguille insecticide[1]. »

On peut effectuer cette opération au moment même de la capture en se servant de ces petites lampes ne s'éteignant pas, que l'on vend pour rentrer chez soi la nuit.

Chasse sur les troncs d'arbres. — La plupart des papillons nocturnes restent immobiles pendant le jour, et se tiennent étalés sur un tronc d'arbre, une feuille, un mur, etc. Quand, à l'approche du chasseur, ils s'envolent on les capture au filet. S'ils ne bougent pas, on leur transperce rapidement le thorax avec une épingle. Il est bon d'avoir à cet effet des aiguilles spéciales en acier, très pointues. Les épingles ordinaires ont presque toujours une extrémité mousse qui glisse sur le thorax résistant des Papillons.

M. Bellier de la Chavignerie conseille d'employer un système de trois aiguilles d'acier, dont les têtes sont encastrées, au moyen de cire dans un tuyau de plume. On maintient ainsi les espèces les plus vives et on les pique sans difficulté.

Chasse à l'aide d'odeurs. — Les papillons, grâce sans doute aux grandes antennes dont ils sont pourvus, ont un odorat très subtil.

---

[1] Maurice Girard, *Traité élémentaire d'entomologie*, tome I.

Ce sens leur sert beaucoup dans la recherche de leur nourriture. C'est ainsi que les grandes espèces de Nymphales affectionnent particulièrement les odeurs ammoniacales. Ces papillons vivent sur les feuilles, au sommet des grands arbres; en ce lieu, il est presque impossible de les capturer. Aussi pour s'en procurer n'y a-t-il qu'un moyen, et il est excellent, c'est de semer, sur le chemin qui cotoye ces arbres, du fumier gras des bergeries. Les papillons descendent dare-dare pour lécher ledit crottin et se font ainsi facilement prendre au filet.

Mais l'odorat sert surtout à la reproduction. Les femelles dégagent une odeur très vive qui attire les mâles de fort loin. On a basé sur ce fait un mode de chasse des plus curieux. Quand on a eu le bonheur de capturer une femelle non fécondée d'un Bombycide, on la met dans une petite cage de soie que l'on suspend en un lieu quelconque, un jardin, un champ ou un bois, selon les mœurs de l'espèce que l'on désire. Bientôt on voit arriver de toutes parts des mâles qui viennent… se casser le nez sur la cage et que l'on capture aisément. Amour, ce sont bien là de tes coups!

Chasse à la lanterne. — Il est de connaissance vulgaire que les Papillons sont attirés par la lumière; le soir, en été, quand on laisse la fenêtre ouverte, on voit les malheureux insectes venir se brûler les ailes à la bougie qui vous éclaire. Aussi est-ce une chasse fructueuse que l'on fait en se postant près des becs de gaz situés près des bois, comme par exemple ceux de l'avenue d'Auteuil à Boulogne, près de Paris.

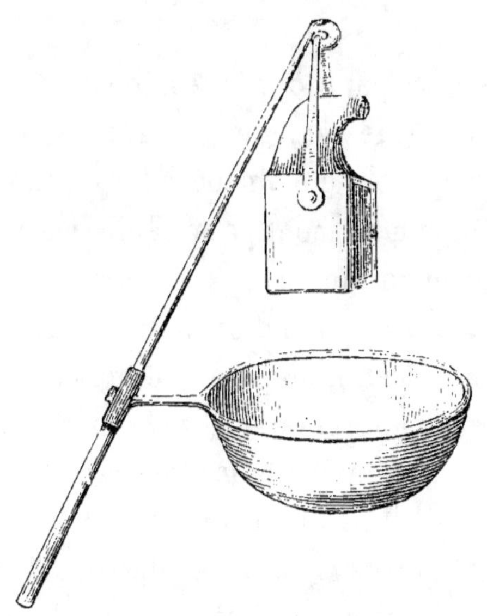

Fig. 161. — Lanterne piège pour papillons nocturnes.

En pleins champs, voici comment l'on procède pour mettre à profit cet amour des Papillons pour la lumière. On pose à terre une nappe bien blanche et au milieu une lanterne aussi éclairante que possible. La nappe sert à diffuser la lumière et à la faire apparaître sur une plus grande étendue. De plus, quand les Papillons, dont la plupart sont des mâles, arrivent,

10.

ils se détachent fort bien sur le blanc de la nappe et sont très faciles à capturer.

On peut se contenter de laisser la lanterne seule pendant la nuit; le matin, en se levant de bonne heure, on va récolter les papillons engourdis tout autour.

A côté des papillons ailés, on rencontre là un grand nombre de femelles sans ailes, telles que les *Hibernia*, qui ont été amenées là par les mâles, ou qui ont rampé lentement pour venir, on ne sait pourquoi, admirer la lumière.

On peut aussi, quand on possède un kiosque au centre d'un jardin, déposer au milieu une lanterne et laisser les fenêtres ouvertes. Le matin on va fermer les fenêtres et l'on peut dès lors récolter facilement sur les murs les papillons engourdis.

On peut enfin disposer au-dessous de la lanterne (fig. 161) une capsule contenant de l'éther nitreux qui engourdit les papillons.

Chasse au piège Peyerimhoff. — On a encore imaginé, pour récolter les papillons nocturnes, de construire une sorte de nasse qui porte le nom de *piège Peyerimhoff* (fig. 162). Celui-ci consiste en deux nasses de gaze verte, maintenues ouvertes par des cerceaux élastiques, et réunies par un cylindre également en gaze percé de larges boutonnières longitudinales. Une forte corde qui traverse l'appareil de part en part, sert à le suspendre à une branche d'arbre et à tendre la nasse. On peut enduire cette corde de miel, mais il est préférable de mettre comme appât des pommes tapées trempées dans de l'éther nitreux. Les papillons en volant pénétrent dans les ouvertures du cylindre et de là dans les nasses, où ils tombent engourdis. Le lendemain, on les prend en

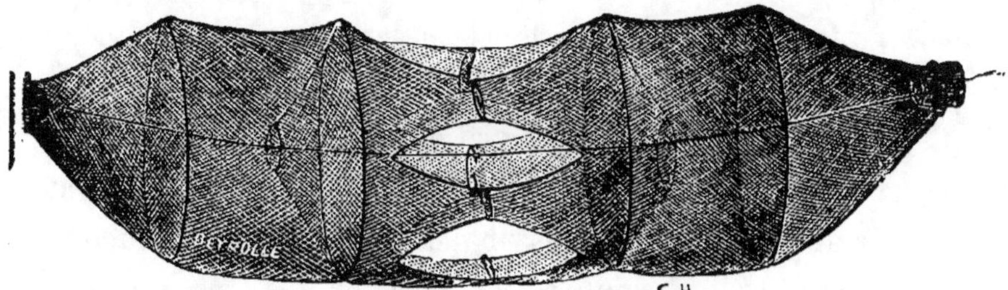

Fig. 162. — Piège Peyerimhoff.

toute sécurité ; pour cela, il suffit d'ouvrir les coulisses qui ferment les extrémités des nasses. Ce genre de chasse est particulièrement goûté des paresseux et de ceux à qui leurs « douleurs » ne permettent pas d'affronter le froid des nuits.

Chasse au parapluie. — Un certain nombre de papillons diurnes dorment pendant le jour sur les branches d'arbre. On peut les faire choir en frappant vigoureusement sur ces dernières.

A cet effet, quelques entomologistes utilisent la *nappe ;* ils l'étalent à terre sous la branche qu'ils veulent explorer et qu'ils frappent à l'aide d'une canne pour faire tomber les papillons. C'est là un engin que nous recommandons fort peu, car il est fort difficile souvent, d'étaler une nappe bien à plat par terre, à cause des plantes basses, des buissons, des ronces qui croissent au pied de l'arbre.

Nous préférons beaucoup l'emploi du parapluie que l'on tient ouvert et renversé sous la branche frappée. Le parapluie ordinaire peut être utilisé à la rigueur, mais il présente deux inconvénients. Les tiges de fer qui partent du manche et vont s'articuler avec les baleines, gênent beaucoup lorsque l'on veut aller chercher les insectes qui reposent sur la toile. D'autre part, le manche vertical rend le maintien du parapluie fort difficile, en même temps que le bras qui le supporte en cache une bonne partie.

Dans le commerce, chez les marchands naturalistes, on vend un parapluie spécial où ces deux inconvénients sont évités. Toute la surface interne est recouverte d'alpaga blanc où les insectes tombés s'aperçoivent de suite. De plus, le manche est brisé de manière à pouvoir être tenu horizontalement quand le parapluie est ouvert (fig. 163). Dans certains modèles, le manche est brisé une seconde fois ; il peut alors se replier lorsque le parapluie est fermé, ce qui permet de fixer celui-ci plus facilement sur le sac de touriste. Mais, c'est là une question très accessoire.

En route, on se sert du parapluie comme d'une ombrelle, pour s'abriter des rayons du soleil.

Un de mes amis, M. Alfred Uzac, a imaginé un

Fig. 163. — Parapluie pour la récolte des papillons.

modèle particulier, qui, sans être un parapluie, rend cependant les mêmes services et est beaucoup moins encombrant (fig. 164).

Qu'on imagine un cercle de fer presque complet, d'un rayon de 30 à 40 centimètres, et ouvert seulement suivant un arc de 100 degrés. Une toile est tendue sur toute la surface. Enfin, un manche court opposé à l'ouverture permet de tenir l'appareil

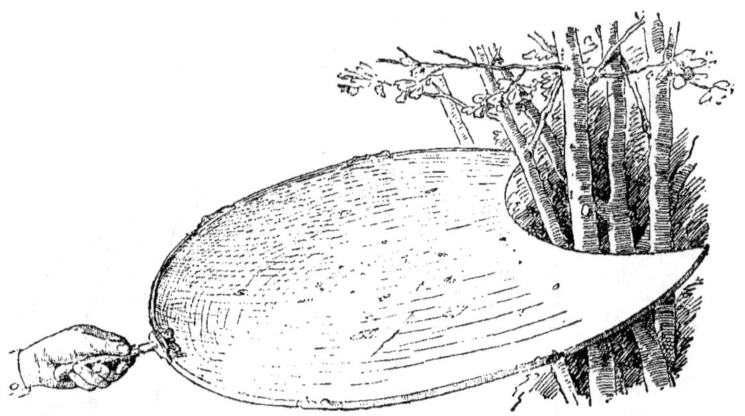

FIG. 164. — Appareil pour récolter les chenilles qui vivent sur les branches d'arbre.

horizontalement. Ce qui rend cet engin particulièrement pratique, c'est que, à l'état de repos, le cercle

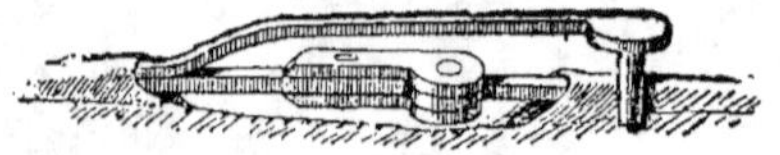

FIG. 165. — Détail des charnières de l'appareil de la figure 164.

de fer se replie six fois sur lui-même (fig. 165) tandis que le manche s'isole également. Sous cette forme, il ne présente plus qu'un volume assez faible, et peut être mis sans peine dans la musette.

Pour frapper les arbres, on se sert d'un morceau de bois quelconque ou d'une canne. Le parapluie

étant maintenu en dessous, on frappe les branches
de plusieurs petits coups *secs*. Quand il ne tombe
plus rien, on ramasse la récolte. Ce procédé peut
être employé quand les arbres que l'on explore
vivent à l'état sauvage ou n'ont qu'une faible valeur.
Mais, quand on opère dans une propriété avec les
arbres d'une allée par exemple, il ne faut pas frapper
sur le feuillage lui-même, mais sur la base des
branches. Pour ce faire, et pour ne pas blesser les
écorces, on se sert du *maillet* ou *mailloche* (fig. 113).

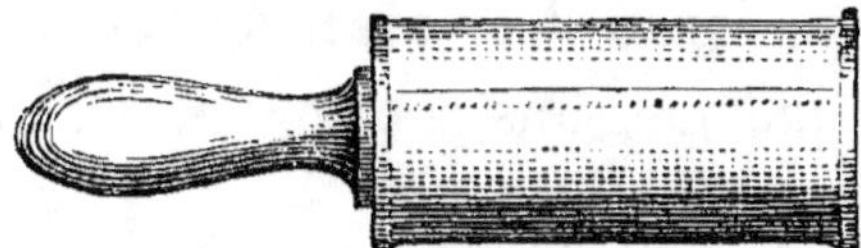

Fig. 166. — Maillet.

« C'est, dit Maurice Girard, une masse de bois, de
forme cylindrique, dans l'intérieur de laquelle a été
coulé environ 1 kilogramme de plomb. Toute la surface extérieure du cylindre est ensuite garnie de
liège, ou de caoutchouc, ou de gutta-percha, le tout
recouvert enfin de cuir de buffle. Un manche assez
fort, rond et lisse, est adapté au cylindre principal.
La garniture molle est destinée à assourdir les coups
du maillet, et surtout à empêcher les blessures aux
arbres par déchirure de l'écorce. On ne doit, pour ce
motif, employer le maillet qu'avec précaution. Il est

très utile au commencement du printemps et à la fin de l'automne, alors que, par l'abaissement de la température, les insectes, profondément engourdis, tiennent avec force aux branches des arbres. »

La chasse au parapluie ne souffre aucune difficulté en ce qui concerne les branches des arbres, qui présentent un espace vide au-dessous d'elles. Mais la chose est plus difficile avec les buissons. On doit alors rapprocher le parapluie le plus près possible de la haie et frapper de l'autre côté et obliquement avec une grande force. Évidemment, par ce procédé, la grande majorité des insectes sont perdus, mais cependant quelques-uns sont projetés dans le parapluie.

Il est presque oiseux de dire que l'on doit explorer des arbres d'espèces différentes ; chaque essence a ses Lépidoptères particuliers. Les jeunes arbres, les adultes et même les arbres morts doivent être examinés.

Enfin, quand dans un bois on rencontrera un fagot de branches mortes, on ne manquera pas de le battre au-dessus du parapluie ou même d'une simple nappe, c'est une chasse souvent très fructueuse.

Chasse à la miellée [1]. — Une autre chasse, nommée *à la miellée*, est spéciale pour les Noctuelles et

---

[1] M. Girard, *Traité d'entomologie*, tome I, page 161.

pour les Phalénides, insectes pourvus d'une spiritrompe et avides de matières sucrées.

Au coucher du soleil, on enduit le tronc de plusieurs arbres voisins avec du miel de qualité inférieure ou de la mélasse, en étendant d'un peu d'eau
la matière sucrée, qu'on doit choisir fortement odorante. On vient inspecter de temps à autre, à la lanterne, les arbres ainsi enduits, et l'on y trouve les
insectes si occupés à humer le miel, qu'ils se laissent
aisément précipiter dans le filet ou piquer sur place.

Quand on opère cette chasse en rase campagne, où
il n'y a que des plantes basses, on dispose plusieurs
piquets, avec des cordes de l'un à l'autre, et l'on
recouvre de miel cordes et piquets.

Il est bon de choisir les nuits calmes et sans
lune, dont la lumière blesse et effarouche les Noctuelles, plus encore que la lumière solaire.

A l'arrière saison, les raisins très mûrs en espa-
lier attirent les Noctuelles, de même les arbres
où l'on a reconnu l'existence de nombreux pucerons
à sécrétion sucrée. On doit les inspecter en tenant la
lanterne d'une main, et le filet de l'autre main.

Cette chasse ne donne de résultats très avantageux que dans les mois de septembre et d'octobre,
alors que les fleurs qui attirent les insectes au printemps sont devenues rares.

CHAPITRE VII

CHASSE AUX CHENILLES SUR LES PLANTES BASSES

Nécessité de la récolte des chenilles. — Les mœurs et la récolte.
— Difficulté de la recherche. — Mimétisme. — Fauchoir. —
Manière de faucher. — Chasse la nuit. — Nombreuses
boîtes. — Chasse sous les pierres. — Chasse aux Ptérophores.
— Chasse aux Satyrides.

Nécessité de la récolte des chenilles. — Quand on veut avoir une belle collection de papillons, il est presque indispensable d'obtenir ceux-ci par voie d'élevage des chenilles. On obtient ainsi des exemplaires très frais, que l'on tue aussitôt nés, et qui ne sont pas ternis et altérés par le vol ou les péripéties de l'accouplement.

Pour les espèces nocturnes, la récolte des chenilles est d'ailleurs bien plus facile que celle des papillons adultes.

Les mœurs et la récolte. — Les habitats des chenilles sont extraordinairement variés et c'est là l'une des difficultés de leur récolte. Pour s'en procurer, il faut être bien au courant de leurs mœurs.

Dans les chapitres suivants, nous donnerons un aperçu de celles-ci, en choisissant quelques types très nets.

La majorité des chenilles vivent sur les plantes basses, dont elles dévorent les feuilles. Pour les récolter, le mieux est d'explorer attentivement ces plantes et de les examiner avec soin. Généralement on est guidé par les dégâts que présentent les feuilles: si elles sont rongées au milieu, cela doit être attribué à des Limaces, des Escargots ou des Coléoptères. Si, au contraire, elles sont rongées sur les bords, ce dégât est presque toujours dû à des chenilles, que l'on doit dès lors chercher dans les environs.

Difficulté de la recherche, mimétisme. — Cette recherche des chenilles est rendue très difficile par l'art avec lequel plusieurs d'entre elles sont colorées et se confondent avec le milieu.

C'est ainsi que beaucoup d'entre elles sont vertes, comme les feuilles qu'elles dévorent.

D'autres, les chenilles processionnaires, se dressent, quand elles se sentent aperçues, sur les pattes de derrière et figurent de cette façon une petite branche dépourvue de feuilles. On a beau savoir que la chenille est sur le rameau, il est impossible de l'apercevoir [1].

Chaque espèce de chenille a généralement une plante spéciale dont elle ne s'écarte que rarement.

---

[1] Voyez plus haut *Mimétisme*, p. 29.

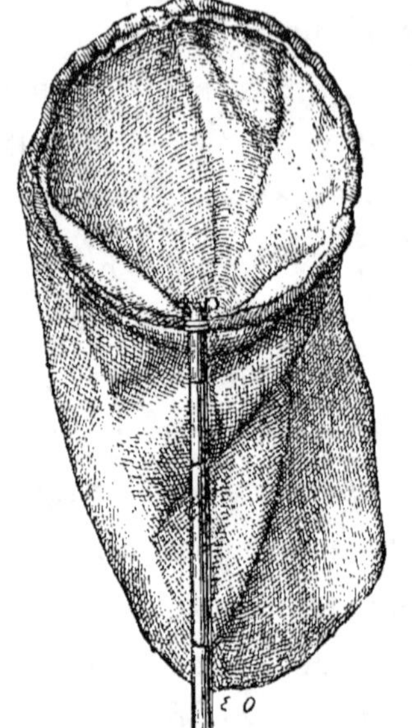

Aussi est-il indispensable, quand on recueille une chenille, d'emporter avec elle un rameau aussi grand que possible de la plante où on l'a trouvée. C'est là un conseil des plus utiles pour l'élevage.

Fauchoir. — On peut se procurer en plus grande quantité des chenilles qui vivent sur les plantes basses, en se servant du *fauchoir* (fig. 167).

Un filet fauchoir ordinaire se compose d'un *manche* en bois d'environ 1 mètre de longueur, portant à une de ses extrémités un *cercle en fer*, supportant un long *sac* en toile, fermé à sa partie inférieure. Voyons quelles doivent être les qualités de chacune de ces parties :

1° Le manche doit être solide, légèrement flexible et léger : une canne en jonc est très commode ;

2° Le cercle doit avoir les mêmes propriétés et surtout il doit être solidement emmanché, sans quoi, il se tord facilement et devient hors d'usage ;

Fig. 167.
Filet fauchoir.

3º Quant au filet, il doit être en toile blanche ou écrue, à tissu serré, mais toujours très solide ; en fauchant, il peut rencontrer des épines et ne doit pas se déchirer. Il doit être terminé à sa partie libre par une surface faiblement arrondie, jamais en cône. Enfin, et surtout, il doit être très profond, d'environ 50 centimètres.

Ce modèle ordinaire est, disons-le, fort peu employé ; il est trop volumineux pour être emporté. Généralement, le manche peut être séparé de l'ensemble du filet et du cercle, celui-ci se pliant en deux, et se mettant par suite dans une musette. Quand on veut s'en servir, on ouvre le cercle, et par le trou qu'il présente, on fait passer la vis de la canne et on le serre fortement avec un écrou à oreilles. A l'état de repos, c'est-à-dire en route, le manche avec cet écrou est assez mal commode ; aussi, certains naturalistes vendent-ils un pommeau que l'on visse sur ce manche à la place de l'écrou et qui en fait une véritable canne, aidant à marcher.

Enfin, pour terminer cette description, il faut ajouter que souvent l'extrémité de la canne non attachée au filet possède une pique en fer, assez peu utile à mon sens, destinée à implanter le filet en terre et le maintenir verticalement, quand la chasse est terminée.

On chasse au fauchoir surtout au printemps et en été.

Un renseignement peu connu et qui a bien son importance, c'est qu'il ne faut pas opérer de trop bonne heure, car la rosée mouille le filet et les insectes s'y transforment en bouillie informe. C'est au contraire l'après-midi, quand le soleil est bien ardent, que la chasse est très fructueuse et que les insectes risquent le moins de s'abîmer.

N'importe quelle herbe peut être fauchée, depuis la touffe du bord des chemins jusqu'aux grands pâturages où paissent les herbivores. La meilleure herbe est celle qui atteint 30 à 50 centimètres de hauteur. Si elle est plus petite, le filet n'y a pas de prise ; si elle est trop grande, on n'y meut l'engin que difficilement et on le détériore quand elle constitue une prairie destinée à être transformée en foin. Il faut autant que possible faucher des prés de nature différente : situés sur le bord de l'eau, ils ne donnent pas les mêmes espèces que sur un coteau ensoleillé ; constitués en majeure partie par des Graminées, ils donnent des insectes différents de ceux d'un champ de luzerne, etc.

Manière de faucher. — Ces renseignements généraux étant donnés une fois pour toutes, voyons de quelle façon on se sert d'un fauchoir (fig. 168).

On tient le manche solidement avec les deux mains et on le dirige obliquement vers la terre. Le cercle est placé verticalement ou mieux un peu obli-

quement dans la direction où on va le faire mouvoir. Le filet pend en arrière de lui. L'instrument
étant ainsi disposé, on le fait mouvoir absolument de
la même façon que le fait un paysan avec sa faux.
On s'arrange de manière à ce que les têtes des
herbes arrivent à peu près au centre du cercle.
Quand celui-ci vient les frapper vers le bas (et

Fig. 168. — Manière de se servir du fauchoir.

c'est pour cela qu'on doit le maintenir oblique), la
tête s'incline vers le sac et y laisse tomber les nombreux insectes qu'elle renfermait. On fauche d'abord,
par exemple, de droite à gauche. Quand le filet
est au bout de sa course, on le retourne, et pour cela
il faut acquérir une certaine habileté, de manière à
placer le sac en sens inverse, sans en vider le contenu. On opère très rapidement et on fauche la
même place de gauche à droite. Puis on avance

d'un pas et on répète la même opération de droite à gauche. Les mouvements doivent être rapides, pour ne pas permettre aux insectes de s'échapper.

Il ne faut pas donner plus de quatre à cinq coups de fauchoir. Moins nombreux, la récolte serait peu abondante; plus, elle le serait trop et se détériorerait. Ce dernier point est assez important, car souvent, dans le fauchoir, avec les insectes tombent des Escargots dont la sécrétion muqueuse agglutine les bestioles et les salit. En fauchant trop longtemps donc, le mollusque roule dans le sac et englue les insectes qui viennent à être pris.

A l'aide du fauchoir, on peut récolter beaucoup de chenilles, mais, malheureusement on ne sait presque jamais sur quelles plantes elles vivaient. Ce procédé néanmoins est bon dans le cas où l'herbe que l'on fauche est constituée par une seule espèce.

On met les chenilles récoltées avec un petit rameau de la plante dans une boîte à chenilles. On prend d'autre part un ou plusieurs rameaux de la même place que l'on met dans la boîte à herboriser où ils se maintiennent frais. Il n'est pas mauvais non plus de jeter de temps à autre quelques gouttes d'eau dans la boîte à chenilles pour empêcher celles-ci de se dessécher.

Chasse la nuit. — Il faut faucher les prés non seulement le jour, mais encore la nuit. Certaines chenilles ont en effet des mœurs nocturnes. C'est de cette façon qu'on se procurera la chenille du *Satyrus Dryas*, en fauchant l'Avoine élevée *(Avena elatior)*.

Nombreuses boîtes. — Il est indispensable d'avoir de nombreuses boîtes pour mettre les chenilles récoltées. Si l'on met par exemple deux chenilles de *Cosmia* ensemble, on est sûr qu'en arrivant chez soi l'une aura été dévorée par sa compagne. Ce cannibalisme n'est pas si rare qu'on pourrait le croire chez les insectes.

Chasse sous les pierres. — Il ne faut pas se contenter d'explorer soit à la simple vue, soit au fauchoir, les herbes, mais encore les menus objets qui se trouvent à leur pied, par exemple les pierres, les morceaux de bois, etc. Ces abris recèlent souvent des chenilles. C'est ainsi par exemple que la chenille du *Satyrus Circe* vit sur diverses Graminées, telles que la Flouve odorante et l'Ivraie annuelle, mais seulement pendant la nuit. Le jour, elle se cache sous les pierres et c'est là qu'il faut la chercher, notamment en mai et en juin.

Chasse aux Ptérophores. — Les papillons du genre Ptérophore sont très remarquables par leurs ailes découpées en lanières.

La chenille de l'espèce la plus commune, le *Pterophorus monodactylus*, vit dans les jardins, les bois, etc., se tenant immobile sur diverses plantes basses.

La chenille du *Pt. pentadactylus* vit sur les Liserons et nous en figurons le papillon (fig. 169).

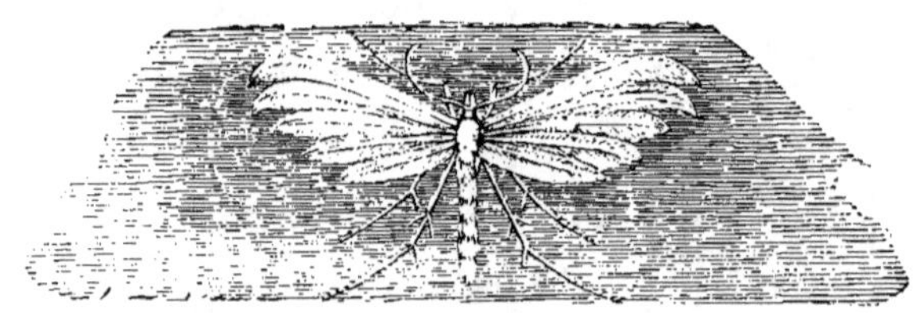

FIG. 169. — Ptérophore pentadactyle.

La chenille du *Pt. spilodactylus* mérite une mention spéciale : « Cette chenille, dit Maurice Girard, se trouve en mai sur le Marrube noir *(Ballota nigra)* à découvert sur les feuilles qui sont d'aspect cotonneux, très difficile à apercevoir, car elle se confond avec ces feuilles par sa couleur et ses poils. Elle a un instinct de défense imitative incontestable. Tant qu'elle est jeune, elle se tient sur les petites feuilles du sommet, beaucoup plus blanches et plus velues que les autres; car ses poils alors plus longs et son corps moins foncé la font tout à fait confondre avec ces feuilles. Parvenue à toute sa taille et d'une couleur plus intense, elle descend sur les feuilles plus foncées et moins velues, dont elle est également très difficile à distinguer. Très lente et paresseuse, cette chenille s'enroule sur elle-même

au moindre contact. Vers la fin de mai, elle s'attache
par la partie postérieure et se change, sur la feuille
même, en une chrysalide pubescente d'un vert
sombre, et garnie, comme la chenille, de tubercules
verticillés, mais plus petits et moins fournis de poils.
Le papillon, rare dans les collections, éclôt dans la
première quinzaine de juin et ne quitte guère la
plante qui a nourri sa chenille ; celle-ci s'élève aisément. »

Chasse aux Satyrides. — Un certain nombre de
chenilles ont des mœurs nocturnes : ainsi celles des
Satyrides. « Elles habitent, dit Maurice Girard, sur
les plantes basses et touffues qui les cachent aux
regards, et, de plus sont nocturnes et ne mangent
que la nuit. Elles cherchent à se soustraire à la
lumière dès qu'elles y sont exposées. Peu voraces,
elles ne sont pas nuisibles. »

Marloy mettait de ces chenilles dans une caisse
vitrée pleine de Graminées ; dès que la caisse était
dans l'obscurité, elles montaient aussitôt sur les
tiges, pour redescendre se cacher lorsque la caisse
était replacée à la lumière. C'est probablement aussi
un instinct pour se soustraire aux Ichneumoniens
et aux Tachinaires, qui attaquent considérablement
les chenilles diurnes, vivant exposées à la lumière.
Marloy dit qu'il faut les chercher surtout en mars,
avril et mai. Il parcourait alors les sentiers pendant

la nuit avec une lanterne, projetant la lumière d'un côté, au moyen d'un réflecteur parabolique : il trouva ainsi les chenilles d'un nombre considérable d'espèces de Satyres.

Les mœurs nocturnes de ces chenilles font que beaucoup d'entre elles sont inconnues.

CHAPITRE VIII

CHASSE AUX CHENILLES SOCIALES

Facilité de la recherche des chenilles sociales. — Le *Liparis chrysorrhœa*, son h'stoire, son nid, dégâts qu'il occasionne. — La Teigne du Prunier à grappes. — La Teigne des Pommiers. — Le Bombyx du Chêne. — Les Processionnaires du Chêne, une chenille venimeuse. — Le Tortrix du Prunier.

Facilité de la recherche des chenilles sociales. — Les chenilles qui proviennenent d'œufs disséminés au hasard vivent naturellement éloignées les unes des autres.

D'autres, qui naissent d'œufs agglomérés en pontes plus ou moins compactes, vivent côte à côte dans le tout jeune âge, mais sans avoir rien de commun les unes avec les autres.

D'autres chenilles enfin témoignent nettement des instincts sociaux qui se manifestent par une vie en commun pendant un laps de temps plus ou moins long, souvent même pendant toute leur vie, se réunissent pour chercher de la nourriture, ou s'enferment dans un même lieu pour hiberner.

Prenons quelques exemples parmi ces intéressantes associations, qui sont faciles à trouver en raison de leur grand volume.

Liparis chrysorrhœa. — Le papillon appelé *Liparis chrysorrhæa* (fig. 170) est extrêmement commun ; il pond, à la face supérieure des feuilles, des paquets d'œufs entourés de poils. Dès le début de leur entrée dans le monde, les jeunes chenilles manifestent un penchant à la sociabilité : on les voit toutes réunies en bataillons serrés, en files parallèles très régulières, dévorer le parenchyme supérieur des feuilles et passer ensuite à des feuilles indemnes. De temps à autre même, elles tapissent les feuilles à moitié dévorées, d'une tente de soie au-dessous de laquelle elles se réfugient momentanément, soit pour se reposer, soit pour digérer tout à leur aise ; mais ce sont là des abris provisoires. Bientôt, elles fabriquent de vastes nids où elles viennent se grouper en nombre considérable : « Pour former ce nouvel édifice, dit Réaumur, elles tapissent d'une toile de soie blanche une assez longue partie de la tige où il doit être ; elles enveloppent aussi d'une toile de soie une ou deux feuilles

Fig. 170. — Le Liparis chrysorrhée, mâle, sa femelle pondant, sa chenille. Nid de chenilles avec ponte. Chenille du Liparis doré.

des plus proches du bout de cette tige ; ensuite elles
font des toiles plus grandes, dans lesquelles ces deux
ou trois feuilles et la tige se trouvent renfermées,
et qui, en embrassant les feuilles, les obligent à
s'approcher de la tige, à se courber vers elle. Elles
sont presque toutes occupées en même temps à ce
travail, et toutes au moins y ont part successivement. »

Ces nids sont fort communs et se montrent toujours
à l'extrémité des branches. Tantôt aplatis, tantôt
arrondis, ils présentent des angles plus ou moins
irréguliers. Les cavités intérieures, limitées par les
feuilles et les toiles, forment un véritable labyrinthe ;
les cloisons en sont cependant percées de place en
place, de telle sorte que toutes les loges communi-
quent les unes avec les autres.

Les chenilles habitent ces nids pendant huit ou
neuf mois de l'année, et particulièrement en hiver
où elles y vivent engourdies. Elles ont soin de ronger
les bourgeons de la tige où elles ont bâti leur édifice
pour que les branches, en poussant, ne viennent
pas le démolir.

Certaines années, par leur nombre et par leur
voracité, les chenilles du Liparis deviennent un
véritable fléau, tant pour les bois que pour les vergers.

Au moyen âge, on n'avait rien trouvé de mieux

pour s'en débarrasser, que de les... menacer des foudres de l'excommunication, ce qui d'ailleurs était très peu efficace.

De nos jours, on opère la destruction des chenilles d'une manière plus efficace, en enlevant les nids en hiver et en les brûlant ; c'est même à ce propos que les pouvoirs publics ont décrété la loi de l'échenillage, qui oblige tous les cultivateurs à se débarrasser bon gré mal gré de cette engeance et par conséquent à ne pas en infester le voisin. Ces mesures sont très importantes, car le moyen habituel de destruction des chenilles, je veux parler des oiseaux insectivores, fait ici défaut; en effet les chenilles du Liparis sont couvertes de poils irritants auxquels le palais des petits oiseaux ne peut pas s'habituer; le Coucou seul peut s'y risquer, mais il est probable qu'il lui en cuit et que ses repas sont peu copieux.

Les chenilles du Liparis se chrysalident dans la dernière semaine de juin. Les papillons se laissent facilement attirer par la lumière ; on les détruit en grand nombre en allumant dans les vergers des feuilles où ils viennent se brûler les ailes.

Teigne du Prunier. — La *Teigne du Prunier à grappes (Hyponomeuta padella)* pond ses œufs sur les sommités des branches les plus faibles. Les œufs, au nombre de trente ou de quatre-vingts, sont immergés dans une matière visqueuse grisâtre.

Au mois d'août, les jeunes chenilles naissent, mais restent dans leur réduit qui ne dépasse pas la grosseur d'une tête d'épingle ; elles restent ainsi tout l'hiver, c'est-à-dire près de sept mois, sans bouger.

Au printemps ces petites chenilles perforent le toit qui naguère les protégeait et vont se promener au dehors. Sans jamais se quitter, en bataillons serrés, elles dévorent les jeunes pousses, en ne respectant que les nervures. Les bourgeons ainsi attaqués se reconnaissent à ce qu'ils sont arrondis, maculés, souvent roux. Les chenilles vont ensuite dévorer de jeunes feuilles non encore ouvertes en circonscrivant cette région d'un réseau soyeux blanc, du volume d'une pomme. Ce n'est que de temps à autre et surtout quand il pleut que le peloton se désunit. Quand elles arrivent à l'extrémité de la tige, les jeunes chenilles se réunissent en compagnies plus ou moins considérables au-dessous des feuilles, où, au début, on ne se doute pas de leur existence ; mais bientôt la face supérieure des feuilles se macule de roux, ce qui indique la présence d'un parasite au-dessous.

Pendant tout le printemps, les chenilles de l'Hyponomeute continuent à dévorer les feuilles et à construire des nids de soie, plus ou moins souillés de leur déjection.

Quand on vient à donner une chiquenaude à la branche qui les porte, on les voit toutes se laisser tomber verticalement, seulement soutenues par un fil.

Vers la fin de mai, toutes les feuilles ayant disparu, les chenilles se promènent d'un air désespéré sur les branches et sur le tronc, laissant toujours sur leur parcours des amas de fils blancs. On les voit aussi se suspendre les unes aux autres en guirlandes, qui descendent des branches jusqu'à terre.

Au commencement de juin, les chenilles qui ne sont pas mortes de faim filent une toile plus forte et plus blanche que les précédentes, qu'elles déposent soit dans la fourche de deux branches, soit au bout d'une branche. C'est dans ces cocons blancs que se fait la nymphose.

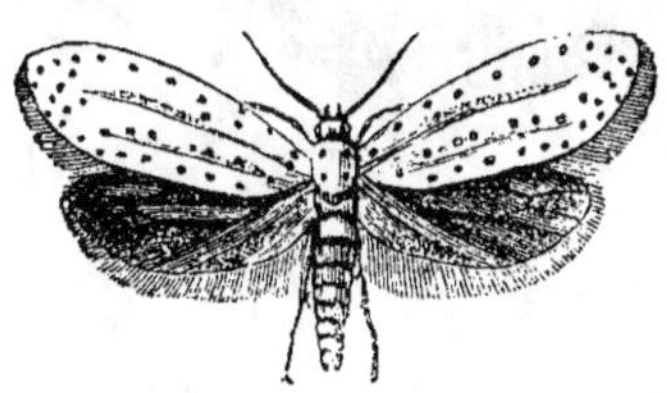

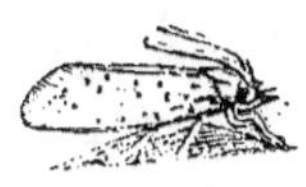

Fig. 171. — Hyponomeute du Pommier au vol, vu à la loupe.

Fig. 172. — Hyponomeute au repos, grandeur naturelle.

Teigne du Pommier. — L'*Hyponomeute du Pommier (Hyponomeuta malinella)* vit sur le

Pommier et a des mœurs analogues à celle de la
Teigne du Prunier (fig. 171 et 172).

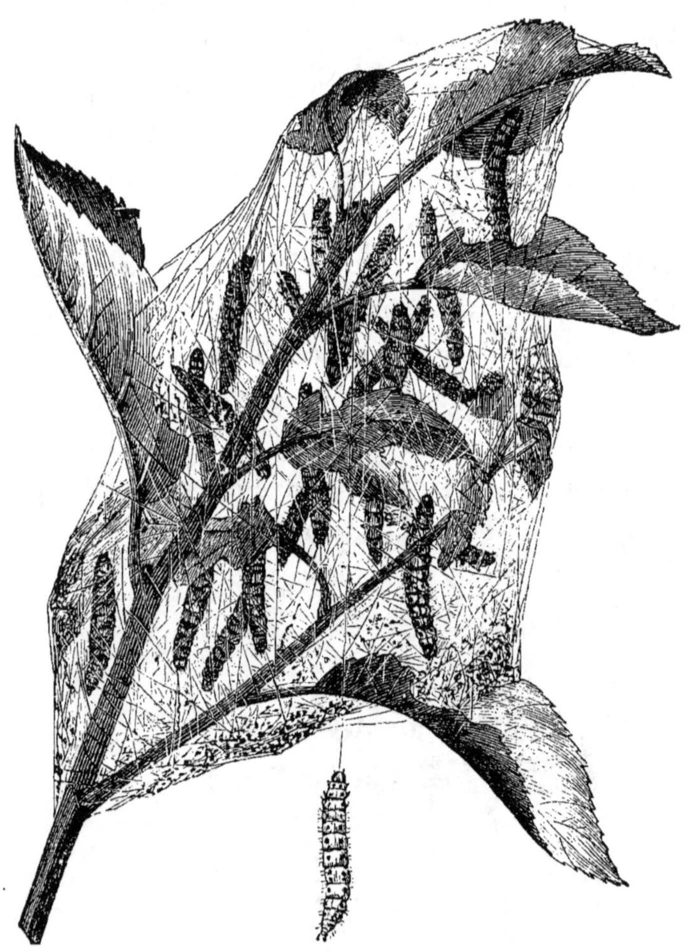

Fig. 173. — Hyponomeute du Pommier Branche du Pommier
nouvellement attaquée par une colonie.

La chenille se fait remarquer par le voile léger

dont elle enveloppe les feuilles qu'elle choisit pour
sa nourriture et qu'elle étend au fur et à mesure de
ses besoins.

Comme les œufs sont pondus par groupes, les
chenilles se trouvent en colonies (fig. 173), et plusieurs de ces colonies se fondent assez fréquemment;
aussi, une branche entière de pommier peut être
enveloppée d'une toile, et sous ce nid à réseaux, la
verdure disparaît peu à peu, à mesure que les feuilles

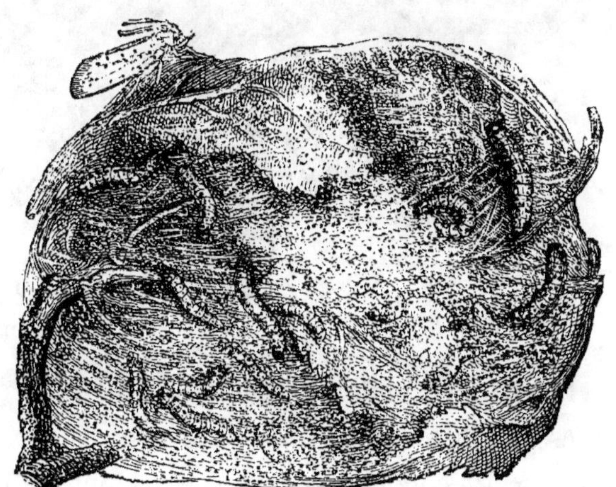

Fig. 174. — Hyponomeute du Pommier. Feuille de Pommier
complètement enveloppée et presque entièrement rongée.

passent à l'état de squelette (fig. 174). Les chenilles
qui déploient beaucoup d'activité à l'intérieur de ces
nids ont l'habitude de se reposer après chaque repas
et après chaque mue. En cas d'attaque, chacune
descend le long d'un fil (fig. 173), pour s'enfuir sur

le sol aussi rapidement que possible (J. Kunckel
d'Herculais.

Bombyx du Chêne. — Le papillon (fig. 175) est
d'un brun foncé jusqu'à une ligne courbe qui traverse
les ailes.

Fɪɢ. 175. — Bombyx du Chêne, papillon femelle.

Les jeunes chenilles passent l'hiver accolées aux
tiges et n'atteignent toute leur croissance qu'à la fin
de juin. Le cocon qu'elles tissent alors est brun foncé
fort résistant, à tissu serré mêlé de poils urticants
qui rendent son attouchement fort désagréable
(J. Kunckel d'Herculais).

Processionnaires du Chêne. — Les *Processionnaires du Chêne (Cnethocampa processionea)*
(fig. 176) sont, parmi les chenilles, celles qui vivent
le plus longtemps en société.

Elles nous intéressent, non seulement au point de vue de leur récolte, mais encore au point de vue des dangers qu'elles peuvent faire courir aux entomologistes. Le corps de ces chenilles est, en effet, recouvert de poils, assez longs et très ténus, qui se détachent avec une grande facilité et se laissent emporter par le vent. Qu'un de ces poils vienne à pénétrer dans la peau ou dans l'œil de l'entomologiste, aussitôt une vive douleur se manifeste et bientôt apparaît une inflammation parfois très grave. Cette urtication, due à l'acide formique que renferment les poils, a, paraît-il, quelquefois causé la mort. Quoi qu'il en soit, il faut se garer avec soin des chenilles processionnaires et ne les récolter qu'avec une grande circonspection.

« De toutes les républiques de chenilles que je connais, dit Réaumur[1], qui a su admirablement observer ces insectes, au point de ne rien laisser glaner après lui, les plus considérables sont celles d'une espèce de chenilles qui vit sur le chêne. Chacune de ces républiques, comme les autres dont nous avons parlé, n'est pourtant qu'une même famille, elle est de même formée de chenilles nées d'un seul papillon, mais c'est une famille bien nombreuse, il y en a telle qui

---

[1] Réaumur, *Mémoire pour servir à l'histoire des Insectes*, Paris, 1736, tome II, 4e mémoire. *Des Chenilles qui vivent en société pendant toute leur vie*, p. 179.

est peut-être composée de plus de 600 et même de 700
à 800 chenilles.

FIG. 176. — Processionnaire du Chêne, papillon mâle.

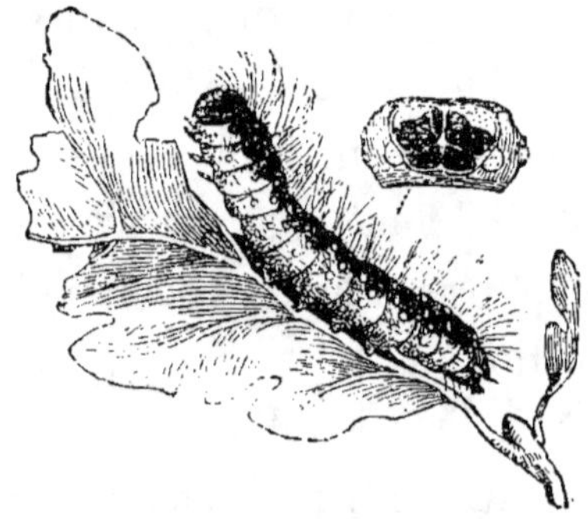

FIG. 177. — Processionnaire du Chêne, chenille.
Région dorsale d'un anneau.

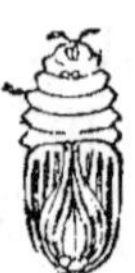 

FIG. 178 et 179. — Processionnaire du Chêne, chrysalide, cocon.

« Les chenilles (fig. 177) blanches sur les côtés,
présentent un large dos bleu noirâtre qui porte sur ses

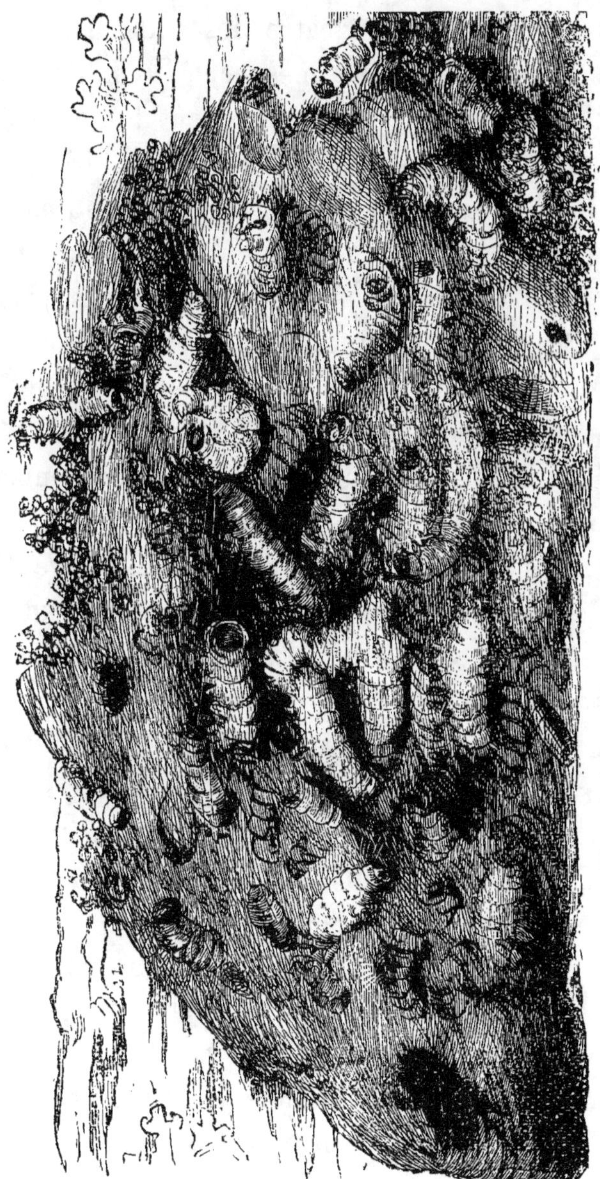

Fig. 180. — Nid des Processionnaires du Chêne.

verrucosités jaune rougeâtre des poils disposés en étoile. A maturité, elles mesurent 39 millimètres à 52 millimètres de long, et se mettent toutes à filer, au fond du nid, une série de cocons (fig. 178 et 179), fixés à angle droit sur la surface du tronc par une de leurs extrémités et reliés entre eux solidement. Leur réunion fait penser au couvain des abeilles (fig. 180). Dans chaque cocon repose une nymphe sombre, d'un rouge brun, dont les anneaux de l'abdomen sont à bords nets.

« En juillet et en août, dès que la soirée commence à s'obscurcir (après 8 heures) éclosent les papillons, dont les mâles s'envolent précipitamment, révélant ainsi leur caractère farouche. On obtient ces papillons par l'élevage, car il est extrêmement rare de les voir en liberté.

Tortrix du Prunier (fig. 181). — *La Tortrix du Prunier (Tortrix pruniana)* a les ailes supérieures d'un brun noir à la base et à l'extrémité, les ailes inférieures d'un gris assez foncé.

Elle vit sur les Pruniers.

Les chenilles de la première génération vivent dans les bouquets de fleurs, puis elles rapprochent les jeunes feuilles avec quelques fils.

Les chenilles de la seconde génération (fig. 181) passent leur existence entre les feuilles.

Certaines années, les Tortrix du Prunier sont très

abondantes ; d'autres fois, elles manquent presque
complètement.

Fig. 181. — Tortrix du Prunier, papillon et chenille
de la seconde génération.

CHAPITRE IX

CHASSE AUX CHENILLES SUR LES ARBRES

Chasse à la nappe. — Chasse au Filet à larges mailles. — *Graptolitha Weberiana*. — *Retinaresinella*. — *Harpella forficella*. — *Cossus ligniperda*. — *Zeuzera æsculi*. — *Lesia*. — *Lithosia*.

Les arbres, depuis la base jusqu'au sommet, donnent asile à des chenilles qui se promènent à leur surface et dévorent leurs tissus.

A la fin de la belle saison, le dessous des arbres est tapissé par un amas souvent volumineux de feuilles sèches où vivent des chenilles engourdies par le froid.

Chasse à la nappe. — Le moyen le plus simple que l'on puisse employer pour les récolter consiste dans l'emploi d'une nappe blanche, d'environ 1 mètre carré de surface, que l'on étale sur le sol. On jette dessus un paquet de feuilles prises à pleines mains et on

les agite soit avec une petite branche d'arbre, soit
avec un instrument spécial, un crochet à trois
branches (fig. 182) avec manche en bois. Quand on
a bien brassé les feuilles pendant un instant, on les

Fig. 182. — Crochet à trois branches.

éparpille sur la nappe et on voit dès lors les chenilles
dont la couleur ressort bien sur le fond blanc de la
nappe.

Chasse au filet. — On peut opérer d'une manière
encore plus efficace, avec un filet à larges mailles
(fig. 183) en forme de sac, maintenu ouvert par

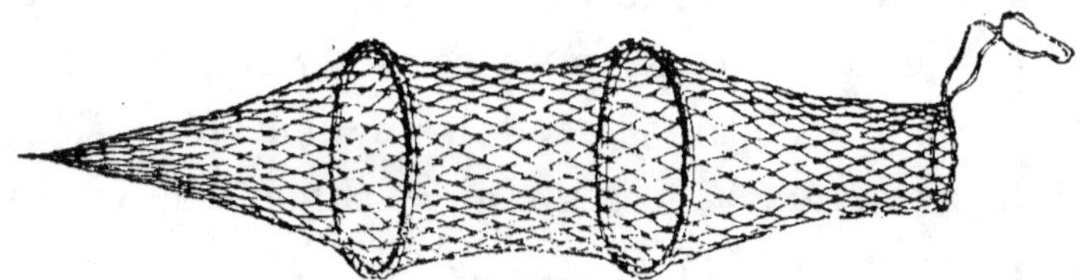

Fig. 183. — Filet à larges mailles.

deux cerceaux légers, fermé à une de ses extrémités, mais ouvert à l'autre. On jette dans ce filet
une brassée de feuilles, et tenant le filet par ses
deux bouts, on l'agite violemment au-dessus de la
nappe. Les feuilles, trop volumineuses, restent dans
le sac, tandis que les menus objets et les chenilles

tombent sur la nappe où il est facile de les découvrir.

Au printemps et pendant tout l'été, on récolte les chenilles des arbres et des buissons en battant ceux-ci au-dessus d'une nappe ou d'un parapluie. Cette chasse ne diffère pas de celle dont nous avons déjà parlé (voir p. 175) au sujet des papillons adultes.

Le Bouleau, le Peuplier, le Chêne sont particulièrement riches.

On doit aussi examiner le dessous des écorces, des lichens, de la mousse, etc., en faisant usage de l'écorçoir dont nous donnerons (p. 265) la description et le mode d'emploi.

Graptolitha Weberiana. — La chenille de ce papillon se tient entre l'aubier et l'écorce de la plupart des arbres à noyaux, tels que les Cerisiers, les Pruniers, les Pêchers, etc. Sa présence est trahie par une poussière s'échappant de galeries cylindriques. Généralement, autour de ces régions attaquées, on voit le bois sécréter de la gomme.

La nymphose s'opère aussi sous l'écorce.

Tortrix des galles du Sapin. — La chenille de la *Tortrix des galles du sapin (Retina resinella)* (fig. 184, 185, 186, 187 et 188) est très nuisible aux parcs. Elle attaque les Sapins. On reconnaît sa présence à ce fait qu'au-dessous des verticilles des bourgeons on voit un conduit tubuleux entouré de larmes de résines.

Au même endroit on rencontre le *Retina buo-liana*.

FIG. 184.
Tortrix des pousses du Sapin, galle
avec chrysalide.

FIG. 185.
Tortrix des galles du Sapin, galle
avec chrysalide.

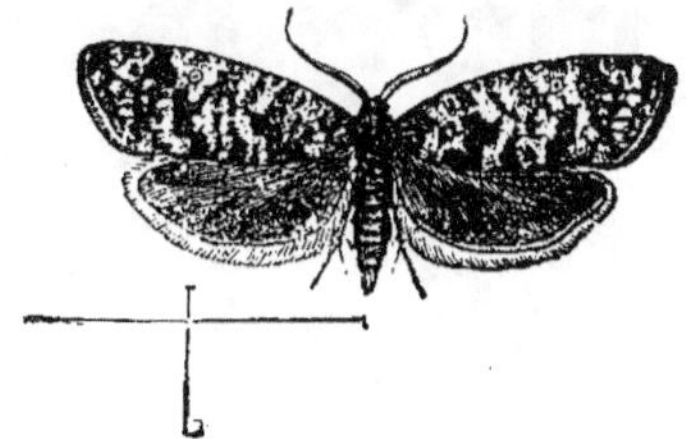

FIG. 186.
Tortrix des pousses
du Sapin, papillon.

FIG. 187.
Tortrix des pous-
ses du Sapin,
chenille très grossie.

FIG. 188.
Tortrix des galles du Sapin,
papillon très grossi.

Harpella forficella. — La chenille creuse des

galeries dans l'écorce et l'aubier des Hêtres, des
Bouleaux, etc.

Cossus ligniperda. — La chenille du Gâte-Bois
creuse dans le tronc de divers arbres, notamment
les Ormes, les Saules, les Bouleaux, les arbres fruitiers, des galeries qui atteignent parfois plusieurs
mètres de long. Elle vit pendant deux ou trois ans.

Au moment de se transformer en nymphe, elle se

FIG. 189. — Zeuzère du Marronnier, papillon.

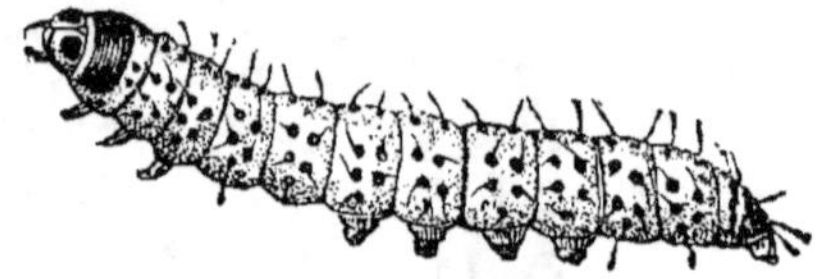

FIG. 190. — Zeuzère du Marronnier, chenille.

rapproche de la surface, creuse l'écorce et ne laisse
subsister qu'un fragile opercule qui se brise à la
moindre pression.

On peut élever la chenille avec des pommes.

Zeuzera æsculi. — La chenille (fig. 189 et 190) creuse, à la manière de celle du *Cossus ligniperda*, le tronc des Marronniers, des Ormes, des Tilleuls, etc.

Lesia. — Les chenilles de *Lesia* vivent dans les troncs d'arbres, d'arbustes ou dans les tiges de plantes herbacées, où elles creusent de longues galeries.

Lithosia — Les *Lithosia* vivent sous les lichens ; on ne peut les nourrir qu'avec ces végétaux.

CHAPITRE X

CHASSE AUX CHENILLES ROULEUSES DE FEUILLES

Tortrix viridiana. — *Tortrix xylosteana.* — *Tortrix Bergmanniana.* — *Tortrix pilleriana.*

Plusieurs espèces de chenilles, vivant sur les arbres, se dissimulent aux regards en s'enveloppant d'une feuille roulée sur elle-même ou simplement pliée.

On ne peut employer pour celles-là les procédés de chasse décrits dans le chapitre précédent ; les coups de mailloche n'auraient en effet pour résultat que de faire rentrer les chenilles dans leur nid.

Le seul moyen pour les capturer est d'explorer les branches d'arbres avec soin et de bien connaître les mœurs des chenilles que l'on désire, sans quoi on s'expose à passer à côté sans les voir.

Quelques exemples vont nous montrer les différentes manières d'être de ces chenilles.

Tortrix viridiana. — Les chenilles de la *Tortrix viridiana* (fig. 191 et 192) sont très communes sur le

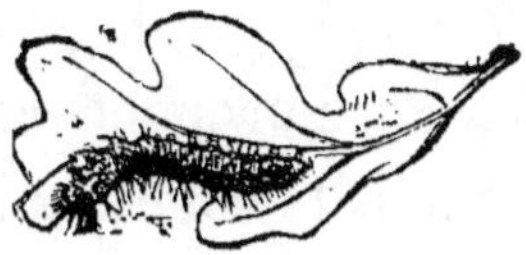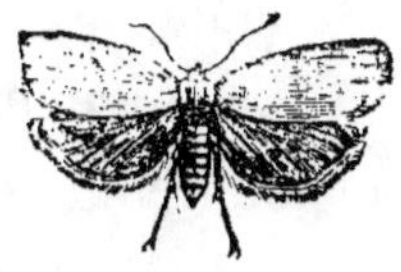

FIG. 191 et 192. — *Tortrix viridiana*, chenille et papillon.

Chêne, vers le milieu du printemps. « A cette époque, dit Réaumur, si l'on considère les feuilles des Chênes, lorsqu'elles se sont entièrement développées et étendues, on en aperçoit plusieurs roulées de différentes manières, toutes capables d'attirer l'attention. La partie supérieure des unes paraît avoir été ramenée vers le dessous de la feuille, pour y décrire le premier tour d'une spirale qui ensuite a été recouvert de plusieurs autres tours formés par des roulements successifs et poussés quelquefois jusqu'au milieu de la feuille et quelquefois au delà. Nos doigts ne pourraient mieux faire pour rouler régulièrement une feuille, que ce qu'on voit ici ; les *oublis* ne sont pas mieux roulés. Le centre du rouleau est vide, c'est un tuyau creux, dont le diamètre est proportionné à celui du corps d'une chenille qui l'habite, et qui l'a fait pour l'habiter. D'autres feuilles des mêmes arbres (mais le nombre de celles-ci est plus petit) sont roulées vers le dessus, comme les premières le sont par le dessous. D'autres, en grand nombre, sont roulées vers le dessous de la feuille, comme les premières, mais dans des directions totalement différentes. La longueur, ou l'axe des premiers rouleaux, est perpendiculaire à la principale côte et à la queue de la feuille, la longueur de ceux-ci est parallèle à la même côte. Le roulement de celles-ci n'est quelquefois poussé que jusqu'à la principale nervure et quelquefois la largeur entière de la feuille est roulée. Les axes ou longueurs de divers rouleaux sont obliques à la principale nervure, leurs obliquités varient sous une infinité d'angles, de façon néanmoins que l'axe du rouleau prolongé, rencontre ordinairement la principale nervure du côté du bout de la feuille, Quoique la surface des rouleaux soit quelquefois très unie, et telle que la donne celle d'une feuille assez lisse, il y en a pourtant qui ont des inégalités, des enfoncements, tels que les donnerait une feuille chiffonnée. Quelquefois plusieurs feuilles sont employées à faire un seul rouleau. »

Chaque rouleau est habité par une seule chenille, très vive, qui se démène quand on l'excite.

Tortrix xylosteana. — La chenille du *Tortrix xylosteana* s'attaque à beaucoup d'arbres forestiers et fruitiers.

En mai, elle roule et met en paquet les feuilles des Pruniers et des Poiriers.

Tortrix Bergmanniana. — La chenille du *Tortrix bergmanniana* (fig. 193), au printemps, ronge les

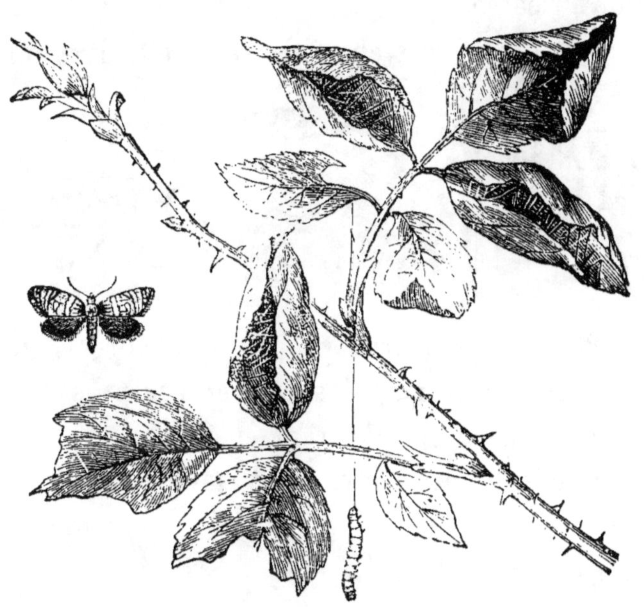

FIG. 193. — Tortrix Bergmanniana. Sa chenille abandonnant la branche de Rosier qu'elle a dévorée.

jeunes pousses des Rosiers, dans l'intérieur desquelles elle se cache. Ensuite elle réunit en paquets les feuilles pliées et roulées avec les boutons.

Tortrix pilleriana. — La chenille de la Pyrale de la Vigne *(Tortrix pilleriana)* (fig. 194) a une évolution qui mérite d'être connue.

Les œufs éclosent au commencement de septembre.

Les chenilles se cachent presque aussitôt entre les écorces des vignes et dans les fissures des échalas. Là elles passent l'hiver enfermées dans un petit cocon grisâtre.

Au printemps, ces chenilles se réveillent et entou -

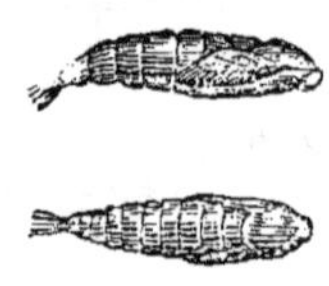

Fig. 194. — Pyrale de la Vigne, papillon, chrysalides et chenille.

rent de soie les bourgeons qu'elles dévorent. Quand elles sont plus développées, elles enserrent les feuilles à l'aide de fils et les dévorent ensuite.

Au mois de juin arrive la nymphose.

CHAPITRE XI

CHASSE AUX CHENILLES MINEUSES

Difficulté de la chasse. — Forme des dessins. — Mœurs des
mineuses. — Gracilaire ou Teigne du Lilas.

Difficulté de la chasse. — Les chenilles mineuses,
qui appartiennent surtout aux genres *Œcophora*,
Neptiluca, *Elachista*, *Lithocolletis*, *Gracilaria*,
ainsi que les papillons auxquels ils donnent naissance sont extrêmement petites. Leur récolte serait
pour ainsi dire impossible, si l'on n'avait pour guide
les dégâts occasionnés par elles et qui sont très visibles et des plus faciles à trouver.

Ces chenilles mineuses en effet vivent dans l'épaisseur même des feuilles, dévorant l'intérieur et ne
laissant subsister que les épidermes ou seulement les
cuticules de la face supérieure et de la face inférieure.

Les canaux ainsi creusés se détachent dès lors en jaune blanchâtre sur le reste de la feuille et indiquent de suite la présence des chenilles en question.

Il suffit dès lors d'emporter les feuilles attaquées chez soi, et de les enfermer dans de petits flacons pour en voir sortir des papillons, au bout d'un certain temps.

Si l'on veut conserver les chenilles elles-mêmes, il suffit d'ouvrir délicatement avec une aiguille fine l'extrémité ultime de la mine pour s'en emparer.

Nous devons dire aussi que les larves qui vivent dans l'épaisseur des feuilles ne sont pas nécessairement des chenilles; plusieurs d'entre elles en effet appartiennent à des Coléoptères et à d'autres insectes.

Forme des dessins. — La forme des dessins que l'on aperçoit dans les feuilles attaquées par les mineuses varient avec les espèces.

Il faut les connaître pour ne pas les laisser passer inaperçues.

1° Certaines chenilles creusent des galeries étroites, généralement très sinueuses, formant des zigzags très irréguliers et se terminant souvent par une ceinture qui embrasse la masse des tours précédents.

2° D'autres chenilles creusent non pas des canaux, mais des espaces plus ou moins larges, irréguliers, arrondis, ou carrés.

3° D'autres enfin creusent des sillons tortueux

qui se réunissent à plusieurs dans des aires plus ou
moins étendues.

De tels travaux sont fort communs sur la plupart
des plantes, le Rosier, le Chêne, l'Orme, le Pommier, etc.

Mœurs des mineuses. — Beaucoup de mineuses
vivent, pendant toute leur existence, solitaires dans
leurs galeries.

Quelques-unes cependant, et ce fait est facile à
constater sur le Chêne, avant de se métamorphoser,
se réunissent à plusieurs dans un espace plus ou
moins large.

Quelques-unes même, par exemple celles du Lilas,
s'établissent, dès leur naissance, plus de vingt ou
trente ensemble dans une même cavité.

Les chenilles mineuses sont généralement dépourvues de poils.

La plupart sont d'un blanc assez pur, souvent
lavé de vert. D'autres sont couleur saumon ou même
rouge. Il y en a aussi de jaunes (Pommier, Ronce),
d'olivâtres (Rosier), de bariolées (Chenopode).

Les œufs sont déposés isolément à la surface des
feuilles.

Si on examine les galeries, en interposant la feuille
entre l'œil et la lumière, on voit que leur cavité va
en s'agrandissant d'une extrémité jusqu'à l'autre,
c'est dans la partie la plus large que se trouve la

chenille. Sur tout le reste du parcours, on aperçoit
de petits corps noirâtres : ce sont des excréments.

Gracilaire ou Teigne des Lilas. — Une des chenilles mineuses les plus communes, la Gracilaire ou
Teigne des Lilas *(Gracilaria syringella)* (fig. 195),
est vert clair. Elle s'attaque non seulement au Lilas,
mais encore au Troëne, au Frêne, au Fusain, à l'Aubépine. Elle ronge d'abord la cuticule supérieure,
puis le parenchyme situé au-dessous et ne respecte
que la cuticule inférieure.

Une fois qu'elle a mué, elle partage son temps
en deux parties : pendant la nuit, elle enroule les
feuilles de Lilas suivant leur longueur, et, pendant le jour, elle ronge le parenchyme intérieur
de ce tube.

Quand celui-ci est complètement dévoré, à l'exception de la cuticule interne, elle cherche une nouvelle
feuille fraîche, qu'elle traite comme la précédente ; à
cet effet, elle se suspend à un fil et va à la recherche
d'une retraite.

Amyot raconte qu'un horticulteur eut les feuilles
de ses Lilas ravagées sans qu'il en restât une seule,
or il avait pour voisin un fabricant de produits chi-
miques, dont l'usine jetait par sa cheminée une fumée
abondante. L'horticulteur crut que la cause du mal
résidait dans la fumée. Le Dr Boisduval lui montra
que les feuilles avaient été mangées par les chenilles.

Fig. 195. — Teigne des Lilas (Gracilaria), sur une branche de Lilas, dont toutes les feuilles sont rongées et recroquevillées.

CHAPITRE XII

CHASSE AUX CHENILLES VIVANT DANS LES FRUITS ET LES GRAINES

Tortrix fauve des pois. — Tortrix des pois à taches semilunaires. — Tortrix des pommes. — Tortrix des prunes. — Tortrix brillante. — *Carpocapsa Deshaisiana.* — *Sitotroga cerealella.* — *Lycœna Bœtica.* — *Thecla isocrates.*

Les fruits et les graines renferment toujours une grande quantité de matières nutritives. Il n'y a par suite rien d'étonnant à ce que beaucoup d'entre eux donnent asile à des chenilles : tout le monde a eu occasion de rencontrer des pommes, des noix, des noisettes véreuses.

Le seul et unique moyen de se procurer lesdites chenilles consiste à récolter les fruits et les graines et à les examiner attentivement.

Généralement, on est guidé dans cette recherche

par les caractères extérieurs des fruits, dont les orifices et les amas d'excréments indiquent la présence d'une chenille.

Mais souvent aussi, ces indices ne sont pas suffisants et il est nécessaire de fendre le fruit ou la graine avec un couteau, pour voir ce qu'il renferme ; dans ce cas, il faut bien faire attention à ne pas blesser l'hôte.

Quand on a reconnu sa présence, on remet les morceaux du fruit en place et on les rapporte tels quels ; la chenille s'en nourrit, en attendant le moment de la nymphose.

Citons les espèces les plus communes, très faciles à se procurer. Elles mettront sur la voie pour se procurer des espèces plus rares.

Tortrix fauve des Pois. — La *Tortrix fauve des Pois (Grapholitha nebritana)* éclôt d'un prétendu ver qui habite les pois, il est facile de voir que ce n'est pas un ver dans le sens scientifique du mot ; car cette chenille, d'un vert pâle, a seize pattes, faciles à reconnaître ; sa tête, son écusson cervical, sa valve anale et ses pattes thoraciques sont foncés. A sa maturité, elle atteint 8 millimètres 75 de long ; elle abandonne alors sa coque, pour se fabriquer sous terre un cocon, dans lequel elle passe l'hiver, recroquevillée, un peu altérée, mais sans avoir terminé encore son évolution. Ce n'est qu'au printemps sui-

13.

vant qu'elle effectue sa nymphose, les papillons qui
apparaissent en mai s'installent à l'époque de la
floraison sur les champs de Pois et de Lentilles (J.
Kunckel d'Herculais).

Tortrix des Pois à taches semilunaires. — La
Tortrix des Pois (Grapholitha pisana) (fig. 196)

FIG. 196. — Tortrix des Pois à taches semilunaires.

vit, en juillet et août, dans les pois encore verts.
Quand, dans une gousse, elle a dévoré un pois, elle
passe a un autre et ainsi de suite.

A la fin d'août, on ne la trouve plus dans les
gousses, parce qu'elle se laisse tomber à terre, où
elle passe l'hiver enfermée dans un petit cocon. Elle
ne se transforme en chrysalide qu'au printemps, et
en papillon qu'au mois de juin. Il ne faut donc pas
chercher la chenille dans les petits pois verts du
printemps, puisqu'à ce moment les œufs ne sont pas
encore pondus.

Tortrix des Pommes *(Carpocapsa pomonella).* —
C'est cette chenille (fig. 197) qui rend les pommes
véreuses. Beaucoup de personnes s'imaginent que,
lorsqu'une pomme présente un petit trou à sa

surface, cela veut dire qu'elle contient un « ver »,
c'est-à-dire une chenille ; il n'en est rien. En
effet, la femelle dépose son œuf sur une pomme quand
celle-ci est encore extrêmement jeune.

Fig. 197. — Tortrix des Pommes. Pomme ouverte, dont le cœur
[est occupé par une chenille prête à se transformer.

La toute petite chenille qui en naît pénètre bientôt à l'intérieur, mais l'orifice, en raison de son étroi-
tesse ne tarde pas à s'oblitérer et à disparaître. La
pomme n'en continue pas moins son développement
et à grossir comme si de rien n'était.

Pendant ce temps, la chenille dévore l'intérieur,
en creusant des galeries remplies de déjections.

Pour respirer, elle creuse à la surface un petit orifice, mais à peine visible. A ce moment, la chenille
ayant grossi, le fruit tombe à terre (fig. 198), ce qui

indique de suite qu'il est attaqué. A ce moment, la chenille agrandit l'orifice de sortie, se rend au dehors et va former une coque dans les écorces ou à la surface de la terre. La présence d'un grand trou sur une

Fig. 198. — Tortrix des Pommes; la chenille abandonne une Pomme. En haut, à droite, Teigne des farines.

pomme indique donc que le « ver » est déjà sorti : c'est dans les fruits tombés et non troués qu'il faut le chercher.

Généralement, on ne rencontre qu'une seule chenille par fruit, notamment dans les reinettes.

Elle est surtout commune dans les poires cultivées pour la table, rare dans les fruits à cidre.

Tortrix des Prunes *(Grapholitha funebrata)*. — Elle vit dans la pulpe des Prunes, surtout dans celle des Prunes de Monsieur, de Reine-Claude et de Mirabelle, et des Abricots, surtout les variétés hâtives.

Quand elle a atteint toute sa taille, la chenille sort du fruit et s'enfonce dans la terre.

Quoique cette chenille soit très commune, le papillon est très rare ; il est très important de le récolter et de l'élever.

Tortrix brillante *(Carpocapsa splendens)*. — Les trois quarts des marrons sont attaqués par cette chenille, qui ne dédaigne pas non plus les noix, les amandes et les châtaignes (fig. 199).

Fig. 199. — Tortrix brillante des Châtaignes.

Carpocapsa Deshaisiana. — Nous citons cette espèce exotique par curiosité, car on en voit quelquefois en Europe avec les graines qui les renferment : elles stupéfient les personnes qui les voient pour la première fois.

Ces graines appartiennent à diverses *Euphorbiacées* notamment au *Croton colliguaya*, qui croît aux environs de Mexico.

Quand on expose certaines d'entre elles à une douce chaleur, on les voit se mouvoir d'abord lentement, puis beaucoup plus vite. Elles courent de droite et de gauche, comme des folles, en marchant par saccades. Si l'on augmente l'intensité de la chaleur, elles se mettent à danser, en s'élevant à une hauteur de 5 à 6 millimètres environ du point d'appui (fig 200).

La nature de ces mouvements extraordinaires est facile à comprendre, quand on en connaît la cause : ils sont dus à la présence, à l'intérieur, de la chenille d'un papillon, le *Carpocapsa Deshaisiana*.

En transperçant la graine avec une aiguille, les mouvements s'arrêtent, par suite de la mort de l'habitant.

Si l'on vient à entamer la graine en un point, on voit la chenille qui de suite se met à boucher l'orifice avec de la soie : elle a horreur de la lumière.

La chenille reste environ sept mois dans la graine et en dévore petit à petit le contenu. Quand la réserve de nourriture est complètement absorbée, elle se transforme en nymphe. Auparavant, elle découpe dans le tégument de la graine un opercule circulaire, qu'elle fixe à l'aide de quelques fils de soie. De cette façon, le papillon n'a qu'à pousser légèrement la porte pour sortir au dehors.

On peut imiter les mouvements des fèves sauteuses de la façon suivante : on vide la coque d'un œuf et on pratique, en un point quelconque, une ouverture par où on fait pénétrer un Grillon, et que l'on renferme

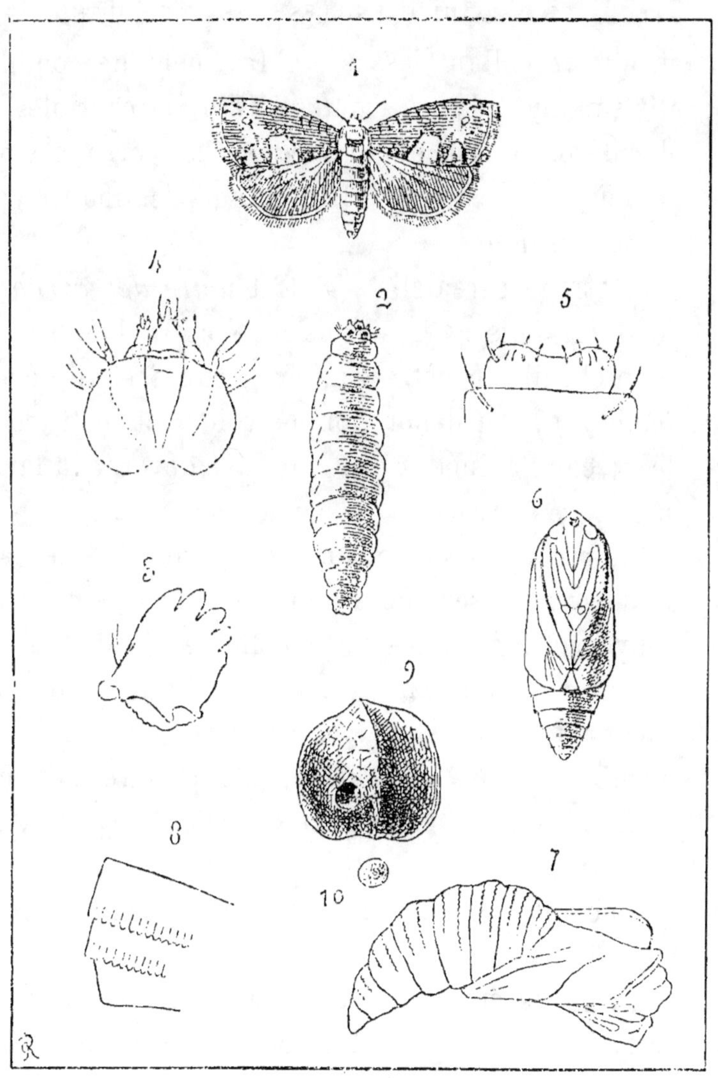

FIG. 200. — Les graines sauteuses.

1, Papillon de *Carpocapsa*; 2, Sa chenille; 3, 4, 5, Détails de la bouche ; 6 et 7, Nymphes; 8, Détails de la Nymphe ; 9 et 10, Graine sauteuse.

ensuite en collant dessus un fragment de coquille. Mis sur une table, cet œuf se livre aux cabrioles les plus désordonnées et qui étonnent les personnes non prévenues. C'est une « récréation scientifique » des plus amusantes.

Sitotroga cerealella. — L'*Alucite des céréales* pond ses œufs rouges dans les épis de blé.

La chenille pénètre dans les graines et en dévore l'embryon. Au dehors, on ne voit aucune trace du dégât, car l'animal se contente d'en dévorer la farine intérieure et respecte la partie corticale.

On reconnaît ces graines en jetant le blé dans de l'eau : les semences attaquées surnagent.

Lycœna Bœtica. — La femelle de ce papillon dépose un œuf dans chaque graine de la gousse du Baguenaudier *(Colutea arborescens)*. Quand la jeune chenille a dévoré une graine, elle pénètre dans une autre, en ayant soin de reboucher l'orifice par où elle est entrée.

A défaut de graines de Baguenaudier, elle se contente de petits pois.

Thecla isocrates. — Cette chenille vit dans les grenades. Elle est quelquefois importée en France avec ces fruits.

CHAPITRE XIII

CHASSE AUX CHENILLES DISSIMULÉES

Psyche. — Erastia. — Tinéiniens. — Lycœna.

Plusieurs chenilles, pour échapper à leurs ennemis, se dissimulent de différentes façons avec des
objets extérieurs et il est nécessaire, pour les trouver,
de bien connaître leurs mœurs.

Nous prendrons deux exemples, ceux des *Psyche*
et de l'*Erastria scitula*.

Psyche. — La biologie des Psychés (fig. 201) est
des plus intéressantes, tant par les mœurs de ses
chenilles que par la structure insolite des femelles.

La chenille n'est pas nue comme celle de la plupart des papillons. Elle se construit un fourreau
très curieux. Tapissé de soie intérieurement, ce fourreau, ouvert aux deux bouts, est recouvert de débris

végétaux ou minéraux : ces matières étrangères sont
le plus souvent constituées par des brins de paille,
disposés longitudinalement ou transversalement, et
mélangés de débris de tiges et de feuilles.

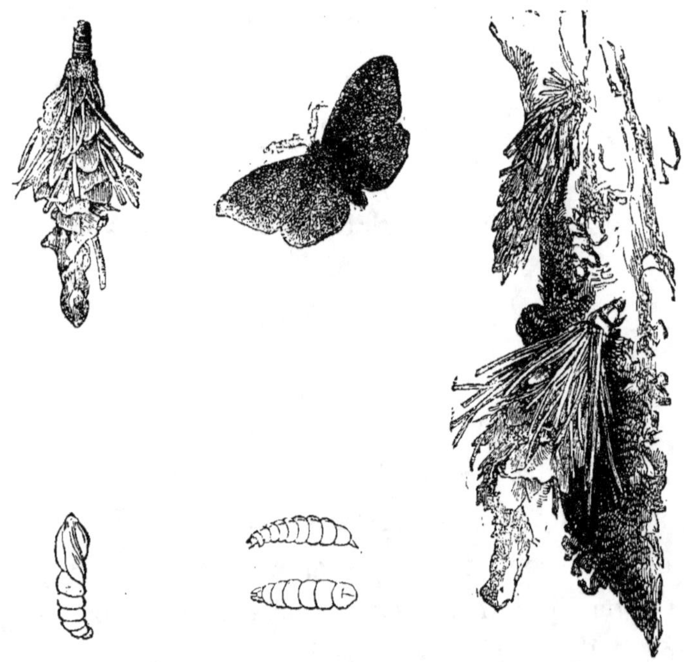

FIG. 201. — Psychés des Graminées, mâle, femelle,
chenille, fourreau, chrysalide.

D'autres fois, le fourreau est simplement recouvert
de poussière terreuse ou de petits grains de graviers.
La forme générale en est conique ou cylindrique,
quelquefois enroulée sur elle-même à la manière
d'une coquille d'escargot. La chenille vit constamment

à l'intérieur de sa demeure ; quand elle veut se déplacer, elle fait saillir la tête, le thorax, les pattes, et se met à marcher en emportant son fourreau avec elle. A cet état, chenille et fourreau, surtout quand celui-ci est formé de brindilles de feuilles, se confondent avec les herbes au milieu desquelles vit cet animal : c'est un cas de mimétisme fort intéressant. A la moindre alerte, la chenille se cramponne à l'aide de ses mandibules au support et ramène son fourreau sur sa tête par une brusque contraction de son corps : elle reste ainsi immobile jusqu'à ce qu'elle juge que le danger a disparu.

Au moment de la nymphose, la chenille fixe son fourreau à quelques fils de soie, soit sur une plante, soit sur un rocher, et se retourne à l'intérieur. En examinant les chrysalides, on peut savoir si elles donnent des mâles ou des femelles ; celle de la femelle n'offre aucune trace d'ailes visibles par transparence à travers la peau.

Les chenilles des Psychés sont assez difficiles à élever en captivité, il leur faut un endroit aéré et exposé aux rayons du soleil levant. Les mâles éclosent le matin, toujours avant 11 heures du matin ; aussitôt sortis de la dépouille de la nymphe, ils se mettent à voler assez irrégulièrement : ce sont des petits papillons, dont les ailes sont de couleur brun noirâtre et pectinées; ils sont assez rares. Un bon moyen pour s'en procurer est de mettre une femelle dans une petite cage ; on ne tarde pas à voir les mâles arriver de toute part, attirés par son odeur.

Les femelles, et c'est là un point très curieux de l'histoire des Psychés, sont absolument dépourvues d'ailes et n'ont que des pattes rudimentaires : elles vivent à l'intérieur du fourreau que leur ont légué les chenilles d'où elles proviennent. Au moment de l'accouplement, les femelles se conduisent de deux manières différentes suivant les espèces. Les unes sortent de leur fourreau pour attendre la visite du mâle; si on les effraye, elles rentrent aussitôt dans leur demeure. Elles sont munies à la partie postérieure d'un long oviscapte aussi grand qu'elles-mêmes et à l'aide duquel elles vont déposer leurs œufs jusqu'au fond du fourreau. Les autres ne quittent jamais l'intérieur du fourreau ; elles se contentent de se retourner à l'intérieur et de pondre leurs œufs dans l'intérieur de la pellicule même de la chrysalide.

Chez un certain nombre d'espèces, les femelles donnent des jeunes par *parthénogénèse*, c'est-à-dire sans avoir reçu la visite du mâle. Tout est aberrant chez ces insectes.

Les jeunes chenilles dévorent les restes du corps de leur mère et se partagent fraternellement les lambeaux du fourreau pour se construire des demeures propres.

Les Psychés sont surtout abondants pendant les années de sécheresse.

Erastria. — Dans le midi de la France, et particulièrement dans les Bouches-du-Rhône, le Var et les Alpes-Maritimes, les oliviers, source de revenus pour le pays, sont attaqués par un insecte, une sorte de cochenille, le *Lecanium oleæ*. Celle-ci s'installe de préférence à la face inférieure des feuilles le long des nervures ; les femelles fécondées se fixent et grossissent en prenant l'aspect d'une petite tortue, dépourvue de tête et de pattes ; elles sont absolument informes. Non contentes d'aspirer la sève de la plante, elles sécrètent un liquide sucré, qui se répand à la surface des feuilles et dont les fourmis sont très friandes.

Cette matière favorise le développement d'un champignon à organisation très simple, le *Fumago ;* les feuilles jaunissent et disparaissent, en se recouvrant d'une matière pulvérulente noire, tout à fait analogue à de la suie.

Les oliviers, épuisés par les cochenilles et les champignons, ne tardent pas à périr ou tout au moins à ne pas donner de fruits.

M. Rouzaud eut l'idée de mettre quelques chenilles de l'*Erastria scitula* sur des lauriers infestés de cochenilles. Il vit alors les chenilles faire une énorme consommation des parasites et cela l'engagea à étudier leurs mœurs de très près.

Les *Erastria scitula* se reproduisent avec exubé-
rance ; on peut constater en effet par an jusqu'à cinq
générations successives d'adultes ; une, peu importante, vers le milieu de mai ; une, moyenne, vers la
troisième semaine de juin ; une, très abondante, vers
le milieu de juillet ; une autre, également importante, fin août ; une dernière, faible, vers la fin de
septembre ou les premiers jours d'octobre.

Les papillons sont assez difficiles à apercevoir
quand ils sont au repos, car, à ce moment, ils simulent une fiente de petit passereau : c'est un cas
intéressant de *ressemblance protectrice*, de *mimé=
tisme*, comme l'on dit aujourd'hui.

Le mâle ressemble beaucoup à la femelle.

Un fait curieux à noter, mais relativement assez
commun chez les Lépidoptères, c'est que tous les
papillons issus de cocons conservés quelque temps
sous cloche, c'est-à-dire soumis à des conditions
spéciales d'éclairage et d'humidité, se montrent toujours bien moins colorés que ceux capturés en
liberté. L'éclosion des papillons a lieu de préférence
à la fin du jour. « Les jeunes sujets, dont les ailes
sont encore repliées et comme réduites à des moignons, sont, dès leur première entrée dans le monde,
extrêmement vifs et agiles. Quel que soit le lieu de
fixation du cocon, les papillons se laissent invaria-
blement choir à terre au sortir de cette enveloppe,

ils sautent, se roulent sur le dos, font vibrer leurs ailes pendant une quarantaine de secondes et tombent ensuite dans une immobilité complète. Trois ou quatre minutes après leur naissance, leurs ailes s'étant complètement étalées, ils s'élancent sur les feuilles ou les rameaux de la plante, d'où ils sont préalablement tombés.

Les mâles ne vivent qu'un jour ou deux. Les femelles vivent beaucoup plus longtemps ; elles pondent pendant plusieurs jours une centaine d'œufs chacune : les œufs sont déposés isolément et séparés les uns des autres par de larges intervalles. La mère les dissémine de préférence sur les feuilles ou les jeunes pousses, c'est-à-dire dans les endroits où les futures larves trouveront facilement des proies ; souvent même ces œufs sont pondus directement sur le dos des cochenilles. L'œuf, transparent est garni au centre, d'une rosace en relief et recouvert d'un réseau très élégant à mailles rectangulaires.

Les jeunes larves, dès leur sortie de l'œuf, changent de peau et pénètrent dans le corps des grosses cochenilles en rongeant un point quelconque de leur bouclier dorsal. Quand la proie est complètement vidée, la petite chenille l'abandonne et se met en quête d'une nouvelle cochenille ; quand elle l'a trouvée, elle se hâte d'attaquer sa nouvelle victime et de s'introduire sous sa carapace ; cette opération ne demande que quelques minutes ; elle se trouve donc tout de suite à l'abri.

La larve de l'*Erastria* mène cette existence pendant une dizaine de jours. « Passé cette période, dit M. Rouzaud, et probablement après avoir subi quelques mues, ladite chenille va se dissimuler d'une manière permanente et ne plus se permettre, ne serait-ce que momentanément, de se montrer au dehors toute nue. On ne la trouvera plus en effet, que complètement recouverte d'une dépouille de grosse cochenille, tapissée de soie à l'intérieur et convenablement agrandie dans son pourtour par une membrane de la même substance. A cette membrane restent toujours attachés extérieurement des excréments, des amas de fumagine ou des débris de cochenilles, destinés à colorer convenablement cette portion soyeuse de la coque et à donner à l'ensemble un aspect extérieur uniforme. Cette bordure latérale, destinée à augmenter la capacité de l'enveloppe protectrice et à la maintenir toujours en rapport avec la taille de la larve protégée, est filée brin à brin par cette dernière ; elle s'accroît donc par additions successives. »

La larve, courte et ventrue, ne quitte jamais cette coque et l'emporte avec elle quand elle se déplace pour aller dévorer plusieurs cochenilles par jour :

c'est un mode de protection très curieux et très efficace. Adultes et larves étant protégés, l'espèce ne peut que prospérer.

Dès que la chenille est arrivée à son maximum de taille, elle cherche un endroit favorable, généralement à l'aiselle de deux rameaux ou dans le creux des branches, plus souvent encore au collet de l'arbre ; là, elle commence par nettoyer très soigneusement une surface exactement égale à celle de l'ouverture de sa coque, puis, elle tapisse celle-ci de soie et la fixe au substratum. Les détritus produits par le nettoyage de l'emplacement ont été utilisés au dehors et collés aux alentours ou sur les bords antérieurs de la coque au moyen de quelques brins de soie, de telle sorte que la dissimulation du cocon est aussi parfaite que sa fixation ; il faut une grande habitude pour l'apercevoir.

Fait également très curieux, la chenille a soin de préparer en un point de sa coque un orifice par où pourra sortir le papillon. Dès qu'elle a terminé son cocon, elle refoule au dehors à coups de mandibules la portion de l'ancienne coque qui se trouve placée immédiatement au devant de sa tête. La paroi refoulée cède peu à peu, s'amincit en se distendant et l'on voit apparaître, à l'extérieur du cocon, une sorte de hernie que la chenille incise en y pratiquant quatre ou cinq fentes rayonnantes et qu'elle referme sommairement avec quelques brins de soie. C'est en écartant ces fentes d'un léger coup de tête que le papillon pourra sortir.

Les cocons avec les nymphes qu'ils contiennent se transportent très bien ; c'est sans doute par eux, et par des élevages en grand, que l'on répandra les *Erastria* et qu'on pourra les faire servir à la destruction des cochenilles.

Tinéiniens. — Certaines chenilles de teignes vivent sur les plantes, cachées pendant toute leur vie dans des fourreaux portatifs dans lesquels elles se métamorphosent. Voici les renseignements que nous donne Maurice Girard [1] sur ces chenilles.

« Les fourreaux qu'elles se fabriquent avec le parenchyme des feuilles dont elles se nourrissent sont de forme très variée ; néanmoins, on peut les ramener à trois types principaux : ceux qui sont plus ou moins cylindroïdes ; ceux qui sont légèrement déprimés avec un arête longitudinale dentée en scie ; ceux qui, en forme de corne recourbée, sont enveloppés en outre, depuis leur base jusqu'à la moitié de leur hauteur, de petites pièces membraneuses de cellulose rangées par étages les unes au dessus des autres, ce qui a fait donner, par Réaumur, le nom de *Teignes à falbalas*, aux chenilles ainsi vêtues. Les papillons prove-

[1] Maurice Girard, *Traité d'Entomologie* t. III, p. 723.

nant des chenilles qui vivent dans ces divers fourreaux sont généralement parés de couleurs brillantes, souvent métalliques. Il en est qui appartiennent au genre *Adela*, dont les mâles de beaucoup d'espèces ont des antennes démesurées, comme des fils de soie pouvant avoir plus de six fois la longueur du corps et qui les gênent beaucoup dans leur vol; d'autres appartiennent aux genres *Incuvaria* et *Ornix*.

« D'autres fois, les fourreaux portatifs sont formés de soie, les uns en forme de crosse de prélat, les autres cylindroïdes et enveloppés à leur base de deux appendices ressemblant aux deux battants d'une coquille bivalve ou aux deux enveloppes d'une silique; il y a souvent dans ces formes de fourreaux, ressemblant à des débris de plantes, des imitations protectrices pour la défense. Réaumur appelle les chenilles qui vivent dans ces deux espèces de fourreaux : *Teignes à fourreaux en crosse* et *Teignes à manteaux*. »

Lycœna. — Les chenilles des *Lycœna* ressemblent à des cloportes.

CHAPITRE XIV

CHASSE AUX CHENILLES AQUATIQUES

Hydrocampa nympheata. — Cataclysta lemnata.

Parmi les innnombrables animaux qui vivent dans les eaux douces, on sait que les insectes sont largement représentés par des Coléoptères, des Hémiptères et des Diptères, les uns à l'état adulte, les autres à l'état larvaire. [1]

Très peu de personnes savent qu'on y trouve aussi des représentants du groupe des Lépidoptères. On rencontre en effet dans les eaux courantes, un certain nombre de chenilles, qui se transforment en nymphe dans le même milieu et qui ne donnent que plus tard des papillons aériens.

[1] H. Coupin, *L'Aquarium d'eau douce*. Paris, 1893.

Hydrocampa nympheata. — La chenille aquatique la mieux connue est celle de l'*Hydrocampa nym-pheata*, que l'on désigne quelquefois sous le nom vulgaire de *Phalène de l'épi de l'eau*. Pour la découvrir, il faut d'abord en bien connaître les mœurs singulières.

Dans les mares et les rivières des environs de Paris, il est fréquent de rencontrer des *Potamoge-ton*, en grande partie submergés, mais dont certaines feuilles à l'aspect luisant, flottent à la surface de l'eau. En examinant un plus ou moins grand nombre de celles-ci, il n'est pas rare de voir sur leur face infé-rieure, c'est-à-dire celle qui est en contact avec l'eau de voir, dis-je, une petite élévation à contour ovale et formée par une portion de feuille.

On reconnaît bien vite que ce lambeau est réuni à la feuille par quelques fils de soie, et qu'il cache tantôt une petite chenille, tantôt une petite chrysalide. On rencontre aussi souvent des coques formées de deux morceaux de feuilles égaux et attachés l'un à l'autre par de la soie. Ces coques sont réunies à la feuille flottante, soit à son limbe, soit à son pétiole.

D'après M. Goosens, on ne les trouve sur les *Pota-mogeton* que du mois d'avril au mois de mai ; en juin, elles sont sur les nénuphars.

La chenille est d'un blanc jaunâtre, à l'exception des premiers anneaux qui sont bruns et de la tête

qui est d'un noir luisant. Sa peau est parsemée de
poils blancs. Sur les flancs, on aperçoit des stigmates
identiques à ceux des chenilles terrestres. L'intérieur de la coque est rempli d'air; comme les lambeaux des feuilles sont appliqués intimement l'un
contre l'autre, l'eau extérieure ne peut y pénétrer.

En un point cependant les deux valves présentent
une petite solution de continuité, par laquelle la chenille de temps à autre montre la tête à l'extérieur.
Mais, comme l'animal bouche exactement l'orifice,
l'eau ne peut pénétrer dans la demeure. Un point
intéressant à élucider serait de savoir, comment
l'animal empêche l'eau d'entrer dans son logement
au moment où elle le construit.

Tant qu'elle n'est pas arrivée à son maximum de
taille, la chenille se fabrique des coques non adhé-
rentes aux feuilles et qu'elle transporte avec elle dans
toutes ses périgrinations. Quand son volume est
devenu trop considérable pour la coque qu'elle habite,
la chenille s'en fait une nouvelle plus spacieuse. A
cet effet, elle coupe, avec ses mandibules, un lambeau
de feuilles et va l'appliquer contre la face inférieure
d'une feuille intacte. « Elle commence, dit Réaumur,
par arrêter légèrement, par faufiler, pour ainsi dire,
la pièce contre la feuille entière; elle laisse apparem-
ment tout autour, entre la feuille et la pièce, d'intervalles en intervalles, mais assez proches les uns des

autres, des endroits par où elle peut faire sortir la tête. Ce qu'il y a de certain, c'est que la pièce qu'elle a attachée lui sert de modèle pour en couper une égale et semblable dans la première feuille. Ce sont ces deux pièces ensemble qui font un habit complet; la chenille achève de les assembler très bien dans leur pourtour, excepté à un des bouts où les deux moitiés de la coque restent simplement appliquées l'une contre l'autre. »

La chenille sort sa tête de temps en temps pour manger la face inférieure des feuilles. Quand le moment de la nymphose est arrivé, la chenille ne fait plus qu'une coque fixée, dont elle tapisse l'intérieur de soie et où elle se transforme en nymphe. On ne sait pas encore comment en sort le papillon, ni comment il fait pour ne pas mouiller ses ailes. Ce papillon a le corps blanc, les ailes supérieures brunes semées de taches nacrées, les ailes inférieures blanches; il est très commun, de juin en septembre sur les bords des ruisseaux. La femelle pond sur les bords et à la face inférieure des feuilles de Potamot, des œufs jaunâtres réunis sur une plaque visqueuse, souvent recouverte d'un morceau de feuille de Pota-mot ou d'un petit paquet de Lentilles aquatiques; il serait bien intéressant de savoir comment le papillon parvient à les recouvrir de cette façon. Les petites chenilles aussitôt nées se fabriquent un fourreau.

Cataclysta lemnata. — Une autre chenille aquatique, celle du *Cataclysta lemnata*, se fabrique un
fourreau avec des lentilles d'eau et des petits morceaux de bambou. Elle se promène à la surface des
Lemna, en emmenant avec elle son fourreau qu'elle
ne fixe qu'au moment de se transformer en nymphe;
elle est brun olivâtre, veloutée, avec une tête petite
jaunâtre.

Le papillon est commun au bord des mares; la
femelle, qui a la propriété de marcher sur l'eau, pond
ses œufs à la face inférieure des lentilles d'eau.

CHAPITRE XV

CHASSE AUX CHENILLES DANS LA MAISON

Tinea tapezella. — *Tinea pellionella.* — *Tinea fuscipunctella.* — Teigne des Grains. — *Tinea cloacella.*— *Tineola
biselliella.* — Teignes de la Graisse, de la Cire.

Dans la maison, en outre des chenilles qui sont
amenées du dehors avec les fruits véreux, on peut
rencontrer certaines espèces qui vivent là d'une
manière normale. Les unes et les autres sont nuisibles ;
elles s'attaquent soit aux vêtements, soit aux matières
alimentaires.

La plupart sont fort petites, mais cependant assez
faciles à trouver, en raison de leur abondance et des
traces très visibles de leur passage.

Tinea tapezella. — La chenille de la *Teigne des
tapisseries* se trouve principalement chez les dra-
piers et les marchands de fourrures.

Elle est fort difficile à voir en raison de ses mœurs. Elle creuse en effet une sorte de berceau dans le drap, berceau qu'elle enduit de toile ; elle se recouvre en outre de débris de drap qui la cachent à la vue et qui semblent simplement un endroit défectueux de l'étoffe.

Elle attaque aussi les collections d'insectes et les animaux empaillés.

Tinea pellionella. — Cette teigne est très commune dans nos maisons.

La chenille vit surtout dans les fourrures et les pelleteries, dans lesquelles elle produit des ravages considérables. Elle coupe les poils à leur base, non seulement pour se nourrir et s'ouvrir un chemin, mais encore pour se fabriquer un fourreau qu'elle mélange de soie. Ce fourreau, tapissé de parchemin à l'intérieur, a la forme d'un cylindre aplati, terminé à ses deux extrémités par un petit rebord limitant un trou clos par un opercule, qui peut s'ouvrir et se fermer à la volonté de la chenille. Elle se promène partout avec ce curieux fourreau, dont l'orifice postérieur sert à l'expulsion des excréments.

Il ne faut pas chercher cette chenille dans les fourrures exposées au jour, mais seulement dans celles qui sont à l'obscurité.

Tinea fuscipunctella. — La chenille de cette espèce, très voisine de la précédente, vit dans les détritus poussiéreux des fentes de parquets et dans les recoins mal balayés.

Teigne des Grains. — Cette teigne (fig. 202) se rencontre surtout dans les greniers où l'on conserve du blé ou des graines d'autres céréales. C'est là que

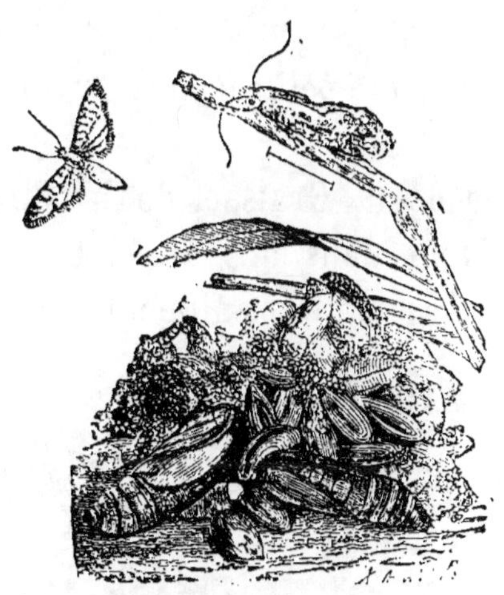

Fig. 202. — Teigne des Grains. Papillon, chenille et chrysalide.

le papillon vient pondre deux fois par an, en mai et en juillet. La chenille réunit ensemble à l'aide de fils de soie plusieurs grains au milieu desquels elle établit une coque soyeuse. Dans ce repaire, elle mange tout à l'aise les grains qui l'entourent. Au moment de la nymphose, elle construit une coque et va l'attacher aux poutres du grenier ; cette coque ressemble à un grain de blé recouvert de poussière.

Tinea cloacella. — Dans les caves d'une humidité moyenne, cette chenille se nourrit de la moisissure qui pousse sur les tonneaux, qu'elle a soin au préalable de recouvrir d'une toile chargée d'excréments.

Tineola biselliella. — Elle vit dans le crin, dont on rembourre les meubles et les matelas.

En mars, elle vient à la surface de l'étoffe et y confectionne une petite coque ouverte seulement en avant.

Teignes de la Graisse, de la Cire. — D'autres teignes vivent dans la graisse, les ruches, etc., et dévorent nos matières alimentaires.

Fig. 203. — Teigne de la Graisse.

La chenille de la *Teigne de la Graisse (Aglossa pinguinalis)* (fig. 203) vit en cachette dans la graisse, le beurre et le lard. Il arrive souvent que l'homme l'absorbe avec ses aliments ; il paraît qu'alors elle sort vivante avec les déjections. La nymphose s'opère sur les murs des salles à manger ou dans les coins poussiéreux.

La *Teigne de la Cire (Galeria mellonella)* (fig. 204 à 206) cause de grands ravages dans les ruches. C'est là en effet que vit sa chenille, laquelle exhale une odeur nauséabonde, qui la fait reconnaître de suite. Elle dévore la cire (fig. 207), en creusant à son intérieur des canaux anastomosés, des conduits

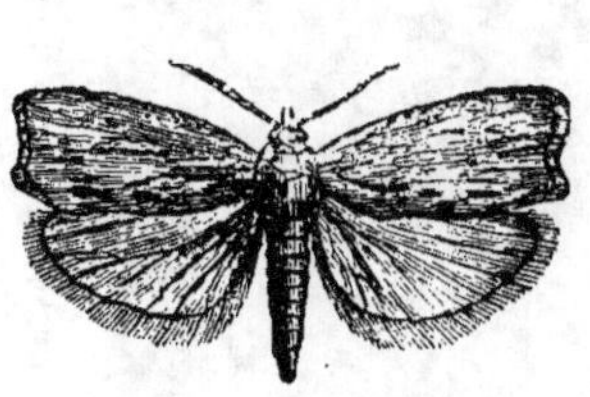

Fɪɢ. 204. — Teigne de la Cire,
papillon.

Fɪɢ. 205.— Teigne de la Cire,
cocons agglomérés.

Fɪɢ. 206. — Teigne de la Cire, chenille.

tapissés d'un tissu de fils lâches, auxquels sont atta-chés de petits grains noirâtres qui ne sont autres que des excréments (fig. 208).

Il y a plusieurs pontes successives : chaque couvée se nourrit en partie des excréments de la couvée précédente. On peut élever ces chenilles avec du cuir, de la laine, du papier, etc.

Voici quelques observations faites sur elles par Réaumur.

« Quand ces Fausses-Teignes manqueraient de
cire, rapporte Réaumur, elles trouveraient assez de

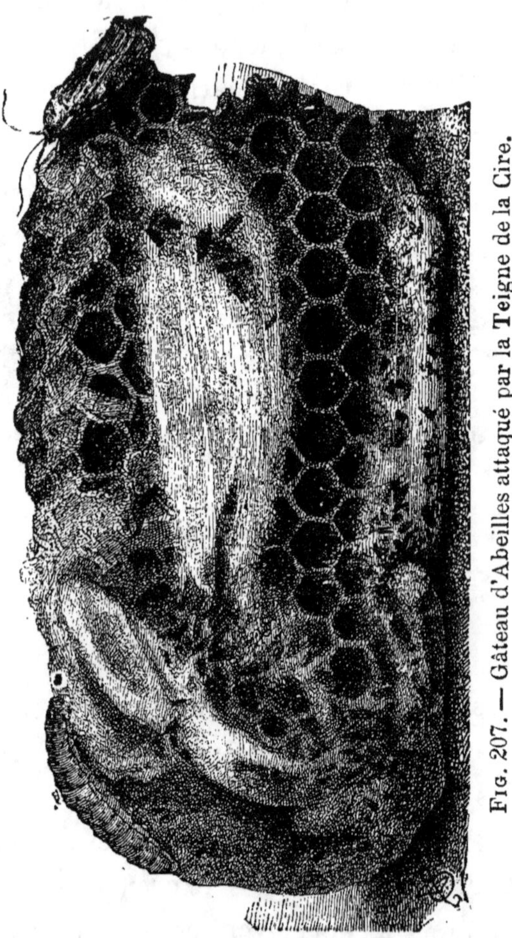

Fig. 207. — Gâteau d'Abeilles attaqué par la Teigne de la Cire.

quoi se nourrir; elles savent s'accommoder dans le
besoin de bien d'autres aliments, j'en ai eu avec moi
pendant plus de douze ans, et j'en ai même encore;

je les ai laissées se reproduire dans la partie des
mêmes boîtes et des mêmes poudriers où j'avais mis
les premières, les boîtes, pour la plupart, étaient
découvertes; la précaution de renfermer les Fausses-
Teignes est inutile, quand on leur donne de quoi
vivre; elles n'abandonnent pas leurs tuyaux tant

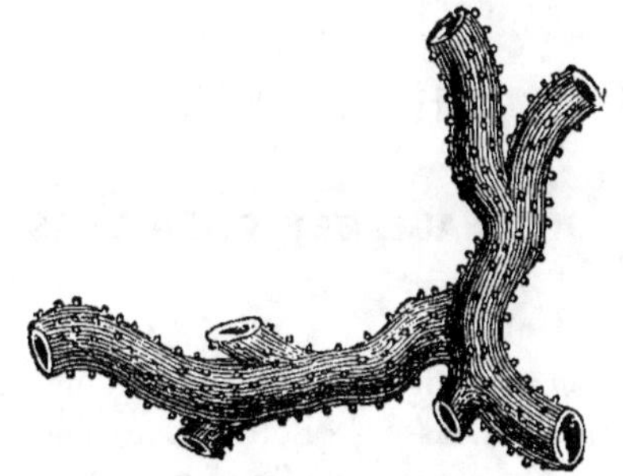

Fig. 208. — Teigne de la Cire, galerie construite par la chenille
et isolée du gâteau.

que chaque année le nombre des Teignes a paru
aller en diminuant. La cire qui a passé pour la première fois par l'estomac de nos Fausses-Teignes n'y
a été digérée qu'en partie; de sorte que chaque grain
d'excrément contient encore de la cire qui est propre
à faire croître les Fausses-Teignes qui sont forcées
de s'en nourrir [1]. »

Le Papillon marche très vite et vole assez rarement.

[1] Réaumur, *Mémoires pour servir à l'Histoire des Insectes*,
Paris, 1787, tome III, p. 257.

CHAPITRE XVI

ÉLEVAGE DES CHENILLES

Difficulté de l'élevage. — Quand on commence à
élever des chenilles, on s'imagine qu'il suffit de
placer celles-ci avec un rameau de la plante dans
une boîte en carton percée de trous ou dans un pot
de fleurs recouvert d'un couvre-plat en treillis métallique (fig. 209) : on ne tarde pas à s'apercevoir que
la plante se flétrit et que la chenille dépérit. Si,
par hasard, on a la chance de la voir se chrysalider, il est rare que les papillons soient intacts.

L'élevage des chenilles nécessite en effet des
soins délicats et surtout continus.

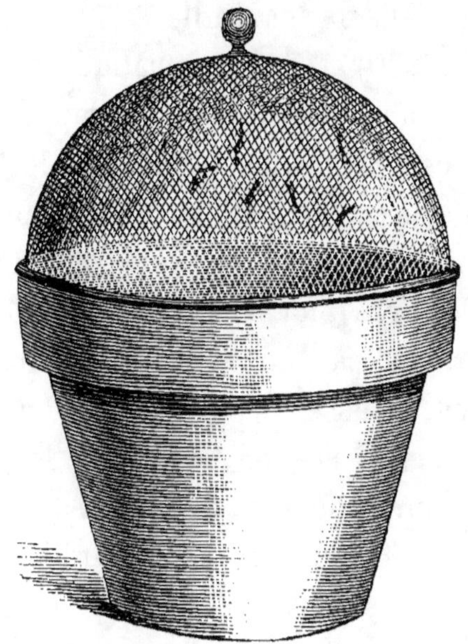

Fig. 209. — Pot de fleur pour élever les chenilles.

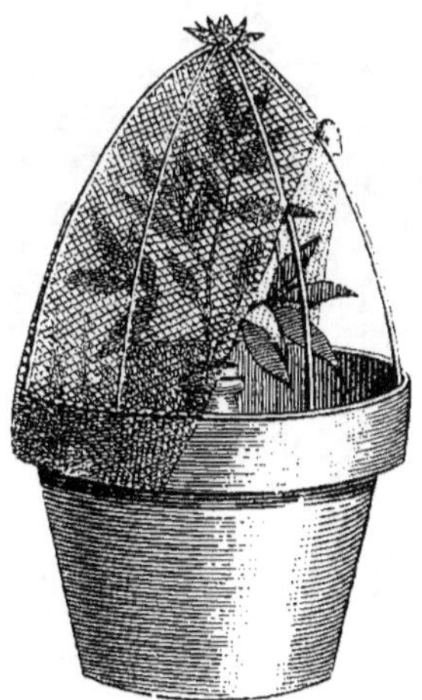

Fig. 210. — Pot de fleur pour élever les chenilles, avec bouteille
pour entretenir la fraîcheur de la plante.

Rameau dans la bouteille. — Le moyen le plus simple (fig. 250) et le plus pratique est de plonger le rameau dans une bouteille remplie d'eau et de manière à ce que la queue passe par le bouchon. La plante se conserve ainsi très fraîche pendant long-temps. On place le tout dans un pot de fleur recou-vert d'un couvre-plat en treillis métallique ou d'une gaze maintenue par une carcasse de fil de fer.

Terre et mousse. — Quand la chenille va se chrysalider en terre, on met dans le pot de fleurs et tout autour de la bouteille de la terre meuble. Il est bon de recouvrir celle-ci d'un lit de mousse; cette pratique est indispensable pour les chenilles qui passent l'hiver sous le même état et qui s'y ré-fugient.

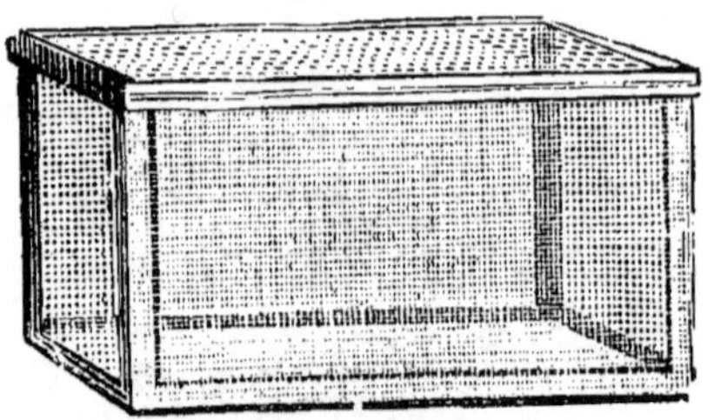

Fig. 211. — Boîte pour élever les chenilles.

Boîtes pour l'élevage. — On trouve dans le com-merce des boîtes en bois dont le couvercle est aussi grand que le fond. Les cinq parois qui les constituent sont remplacées par de la gaze. Dans ces boîtes on met plusieurs des flacons indiqués plus haut. Les chenilles se promènent ainsi librement et vont établir leur cocon dans les coins.

Il y a également des boîtes toutes en gaze (fig. 211).

Bien entendu, quand on le peut, on emporte la plante tout entière et on la plante dans le pot.

Nécessité de l'aération. — L'endroit où l'on met les pots à élevage doit être bien aéré, mais pas trop froid : l'élevage en plein air donne de très bons résultats en été.

Pour les chenilles qui habitent l'intérieur des végétaux, il faut éviter avec soin la moisissure, ce à quoi on arrive en les laissant à l'air libre ou dans un endroit bien aéré.

Nécessité de l'humidité. — Souvent même en suivant les conseils que nous venons de donner, on voit les chenilles mourir avant de se chrysalider : cela tient presque toujours à ce que l'air est trop sec.

Aussi, pour obtenir de bons résultats, est-il bon, voire même indispensable, de projeter dans les boîtes à élevage une fine pluie d'eau. On se sert à cet effet d'un insufflateur à pompe (fig. 212) ou d'un pulvérisateur analogue à ceux qui servent dans la toilette. Cette rosée entretient une bonne humidité.

Il ne faut pas toucher les chenilles avec les doigts, car on les blesse très facilement : on les soulève

avec les barbes d'une plume ou en les forçant de
passer sur une feuille nouvelle.

Élevage dans les jardins botaniques. — « Il est,
dit Kunckel d'Herculais[1], un procédé d'éducation
que l'on devra préférer toutes les fois qu'on pourra
le pratiquer : c'est l'élevage direct sur les plantes et

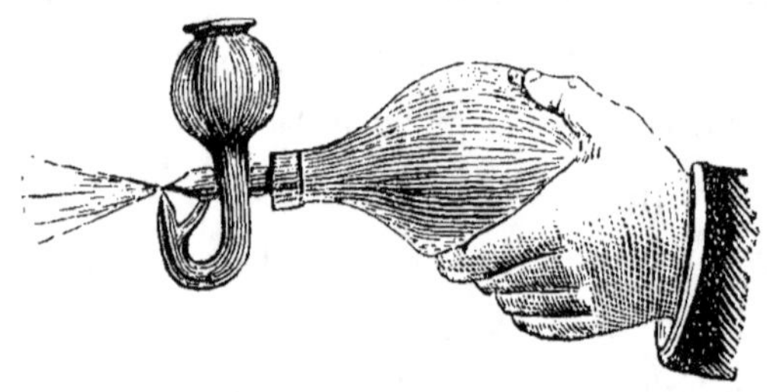

FIG. 212. — Insufflateur à pompe.

les arbustes, soit à l'air libre, soit dans un jardin,
soit sur des plantes enracinées cultivées sur des
terrasses ou des balcons.

« Pour cela, on dispose les chenilles sur des rameaux bien choisis, dépourvus de pucerons, de
fourmis, de perce-oreille, et on enveloppe les
rameaux d'un manchon de toile ou de fort canevas
coulissé aux deux extrémités. Ainsi protégées du
bec des oiseaux et privées de la liberté, les pension-
naires croissent rapidement ; on n'a qu'un souci, celui

[1] Kunckel d'Herculais, *in* Brehm, *Merveilles de la Nature,*
les Insectes.

de les changer de rameaux pour leur assurer une provende abondante et de surveiller l'époque de leur métamorphose.

« Sous le ciel clément de nos départements méridionaux, ce procédé réussit particulièrement bien et je me souviens avoir vu sous un aspect bien singulier, le jardin du lépidoptérologue distingué, M. Millière ; ce jardin était un véritable jardin botanique dans lequel on pouvait rencontrer des échan - tillons de toute la flore de la région ; mais toutes les plantes portaient de petits manchons de gaze qui abritaient les chenilles d'une foule d'espèces de Papillons méridionaux rares ou difficiles à se procurer. »

CHAPITRE XVII

CHASSE AUX CHRYSALIDES

Avantages de la chasse aux chrysalides. — La chasse aux chrysalides est une de celles qui donnent les plus beaux papillons. Elle a, sur celle des chenilles, l'avantage de supprimer les aléas de l'élevage et de donner presque à coup sûr des insectes adultes. Malheureusement, les chrysalides sont presque toujours cachées, immobiles, et par suite, plus difficiles à trouver que les chenilles. D'autre part, s'il en est comme celle des *Laria*, des *Zenere*, des *Cosmia*, etc., qui présentent de brillantes couleurs, la plupart sont ternes, et, partant, difficiles à apercevoir.

On trouve des chrysalides pour ainsi dire partout et en tout temps. Mais c'est surtout en hiver qu'elles sont abondantes.

Deux cas sont à considérer dans la recherche des chrysalides, suivant qu'elles sont à l'air libre ou cachées.

Récolte des Chrysalides libres. — Un certain nombre de chrysalides vivent à l'air, soit nues, soit enfermées dans des cocons (fig. 213). Leur récolte, par suite de leurs habitats multiples, est des plus aléatoires et presque confiée au hasard. Cependant, on explorera de préférence les endroits abrités, tels que les chaperons des murs de jardins, le dessous des feuilles, les palissades, la surface des troncs d'arbres, etc.

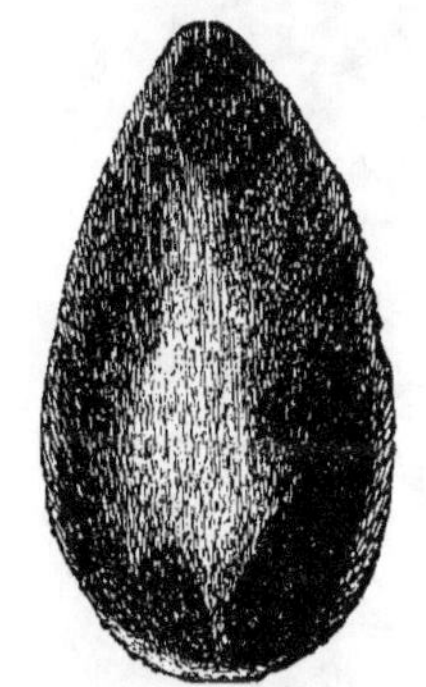

Fig. 213. — Saturnie Petit-Paon. Cocon.

Récolte des Chrysalides abritées. — Beaucoup de chrysalides se rencontrent au-dessous des écorces d'arbres, de la mousse ou dans la terre, au pied des arbres. Dans l'un et l'autre cas, on les met au jour à l'aide d'un *piochon* ou d'un écorçoir.

1° L'instrument le plus pratique à cet égard est

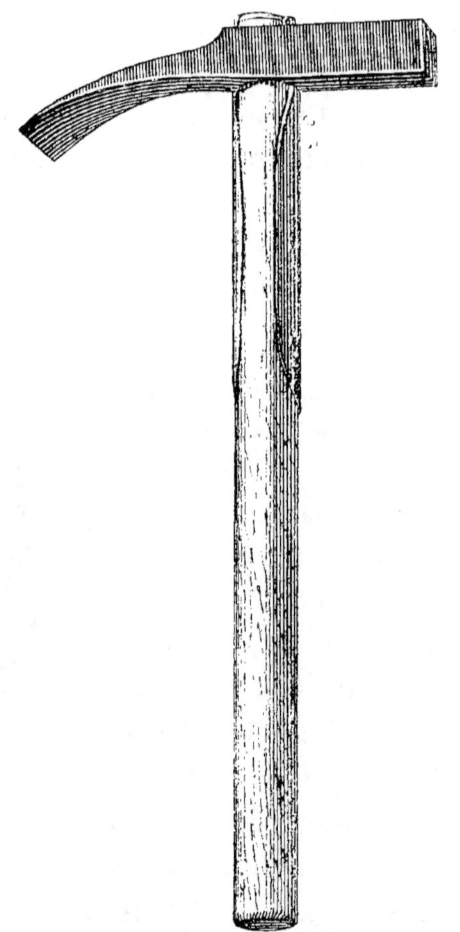

Fig. 214. — Marteau piochon de M. Cosson.

certainement le *marteau-piochon* de M. Cosson
(fig. 214). Il est très solide, avec un côté tranchant et

un côté carré. Ce dernier permet de briser les objets durs et, de plus, donne une grande force à l'instrument quand on se sert du côté tranchant, pour fouiller dans la terre par exemple. Quand on ne s'en sert pas, on le porte attaché à une ceinture de cuir faisant le tour de taille et pourvue d'une boucle pour le passage du manche du marteau. Le seul inconvénient que l'on puisse lui reprocher est d'être un peu lourd.

2° Le type classique de l'*écorçoir* est celui que

Fig. 215. — Ecorçoir.

nous figurons (fig. 215). C'est une tige de fer d'environ 2 décimètres, dont une extrémité est emmanchée dans un morceau de bois tourné et poli, tandis que l'autre extrémité est élargie, aplatie, pointue et un peu inclinée. Cet instrument est très bon pour écorcer les arbres, mais il ne vaut absolument rien pour creuser la terre, pour peu que celle-ci soit dure.

3° Le troisième et dernier modèle qui nous reste à décrire est l'*écorçoir pliant* (fig. 216 et 217), sur lequel nous attirons l'attention de nos lecteurs. Il est d'abord fort léger ; la lame de fer est mobile sur le

manche et peut occuper trois positions. Dans la première, elle est complètement rabattue. Ainsi disposé,
l'appareil, quand on ne s'en sert pas, peut être placé

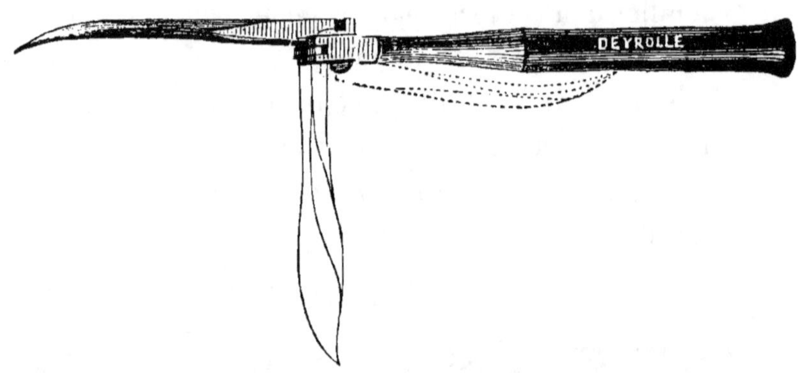

FIG. 216. — Écorçoir pliant Deyrolle.

FIG. 217. — Gaine pour écorçoir.

dans un fourreau de cuir (fig. 216) suspendu à la
ceinture ; de cette façon, il ne gêne ni la marche, ni
les mains. On peut aussi placer la lame à angle droit
avec le manche; c'est alors un piochon pour creuser
la terre. Enfin en allongeant la lame, on a l'écorçoir
ordinaire. Le seul reproche que l'on peut faire à cet
instrument est de ne pas être extrêmement solide,
du moins pour briser les objets durs.

En résumé, nous conseillons aux personnes robustes de prendre le marteau-pioche, et aux autres l'écorçoir pliant.

Chasse sous les écorces. — Si le dessus des écorces n'est pas très riche, il est loin d'en être de même pour le dessous. L'instrument indispensable pour cette chasse est l'*écorçoir* dont nous avons déjà parlé, et qui a été inventé tout exprès.

Quelquefois, l'écorce est recouverte, comme dans le Platane et le Pin, de petites écailles qui s'enlèvent facilement à la main : on les enlève les unes après les autres.

Mais, le plus souvent, l'écorce adhère plus ou moins au cœur de l'arbre. Il faut alors la faire sauter, en se servant de l'écorçoir comme d'un levier. Il faut arrêter l'opération avant que le lambeau en soit complètement détaché ; on le saisit à pleine main et on l'enlève le plus doucement possible. Quand ceci est fait, on examine avec soin non seulement la surface externe du cœur, mais encore la face interne de l'écorce. Toutes deux renferment des chrysalides de Lépidoptères.

Cette chasse est particulièrement fructueuse avec les vieux troncs d'arbres, dont l'écorce est déjà détachée naturellement. Quand l'écorce est solidement fixée, comme dans les jeunes branches, il est inutile d'y chercher des Lépidoptères, on n'en trouverait aucun.

Déjà très fructueuse en été, la chasse sous les écorces devient encore plus riche en hiver.

Il ne faut pas se contenter d'examiner les arbres vivants : les troncs morts, abattus, les branches des fagots, les écorces des piquets sont des terrains de chasse toujours très riches.

Chasse sous la mousse. — Presque tous les troncs d'arbres sont recouverts d'un épais tapis de Mousses et de Lichens.

Les unes et les autres se laissent enlever facile-ment et mettent à nu la surface du tronc, où l'on peut voir plusieurs chrysalides. Mais c'est la mousse elle-même qui en renferme une grande quantité. Malheureusement, ces bestioles sont de couleur terne et, par suite, très difficiles à apercevoir. Le meilleur moyen pour cela est de secouer le paquet de mousse sur une nappe blanche et de rechercher avec soin dans ce qui tombe. Puis on éparpille la mousse sur la nappe, on l'agite avec une petite branche et on enlève les gros fragments. Dans ce qui reste sur la nappe, on aperçoit des chrysalides. C'est sur-tout en hiver que la chasse sous la mousse se pra-tique avec succès.

Chasse au pied des arbres. — Presque toujours, la base du tronc de l'arbre est entourée par un amas serré de petits végétaux. Surtout en hiver, dans l'espace libre laissé entre ces plantes et l'arbre, on rencontre plusieurs chrysalides. On écarte simplement les herbes et on examine à l'œil nu ou à la loupe. On fera bien aussi d'enlever ces plantes avec le piochon et de creuser un peu la terre en ce point ; presque toujours, on y rencontre des chrysalides.

On ne fouille que la terre des arbres isolés, dont la terre est relativement neuve ; un sol dur ne renferme presque jamais rien. Dans une forêt, il n'y a guère que les arbres de la lisière qui méritent d'être explorés : dans ceux qui sont au centre des taillis, où l'air et la lumière pénètrent fort mal, il n'y a absolument rien.

Quand on a remué le sol à grands coups de piochon, il est bon d'éparpiller la terre pour voir mieux ce qu'elle contient.

Avant d'emporter les chrysalides récoltées, il est bon de les soupeser ; celles qui sont lourdes sont seules susceptibles de donner des papillons ; celles qui sont légères ne renferment rien, soit que leur papillon ait déjà pris la clef des champs, soit que leur contenu ait été décomposé.

Les mois de septembre, octobre, décembre et janvier sont ceux où l'on doit se livrer, de préférence, à cette chasse. Les Chrysalides qui ont résisté aux gelées ont plus de chance d'éclosion.

Chasse dans les champs. — En été, il est bon de suivre les cultivateurs qui arrachent dans leur champ les mauvaises herbes ou les pommes de terre, les topinambours, les betteraves, etc. Dans la terre ainsi remuée, on trouve fréquemment des espèces bien spéciales de chrysalides, qu'il serait pénible de se procurer par un autre procédé.

Transport des chrysalides. — Les cocons habités par des chrysalides se transportent tels quels, dans une boîte tapissée d'ouate.

Les chrysalides sont mises dans de petites boîtes percées de trous. Pour les empêcher de se blesser, on les cale bien, soit avec la mousse fraîche, soit avec de l'ouate.

Elevage des chrysalides. — Les chrysalides, il ne faut pas l'oublier, vivent aussi activement que les chenilles. Bien que ne remuant que peu ou prou, elles respirent et transpirent.

Il ne faut pas laisser les chrysalides à l'air, non seulement parce qu'elles s'altéreraient, mais encore parce qu'on risquerait de perdre aussi les papillons que l'on désire et dont la venue n'est souvent annoncée par aucun phénomène.

On doit les placer dans des boîtes aérées par de nombreux trous, au fond desquelles elles reposent sur un petit lit de mousse.

Celles que l'on a récoltées dans la terre, doivent

subir des soins spéciaux. On les enfonce à demi dans la terre de bruyère, en mettant en l'air la région qui correspond à la tête, ce qui a pour effet de faciliter la sortie du papillon. On peut aussi les mettre dans de la sciure de bois.

Qu'elles soient à l'air libre ou dans la terre, il est indispensable de les humecter de temps à autre avec un pulvérisateur. Une transpiration trop active est presque toujours la cause de la mort des chrysalides.

Après la sortie du papillon, on doit conserver le cocon quand il existe et le mettre dans la collection.

Envoi de chrysalides. — On envoie à l'étranger les chrysalides en les enfermant dans une boîte percée de trous et comblée de mousse à demi tassée, de manière à leur permettre de respirer, tout en les obligeant au repos.

Durée de l'état des chrysalides. — Cette durée est des plus variables. La transpiration joue à cet égard un rôle très net. C'est ainsi qu'en vernissant les chrysalides, ce qui diminue leur transpiration, ou en les mettant dans une glacière, l'éclosion est retardée.

Au contraire, en les plaçant dans un endroit chaud, l'éclosion est activée.

Conservation des chrysalides. — Quand on a plusieurs exemplaires de la même espèce de chrysalides, on en prélève quelques-unes que l'on tue en

les plongeant seules ou avec le cocon qui les renferme, dans de l'eau chaude. En les exposant ensuite
à l'air, elles se dessèchent.

Mais il est préférable de les mettre dans des tubes
d'alcool, ce qui conserve leurs couleurs.

CHAPITRE XVIII

RÉCOLTE DES ŒUFS

Pontes artificielles. — Pontes naturelles. — Forme des œufs.
Forme des pontes nues. — Pontes recouvertes de poils.

Les œufs de papillons nous intéressent à deux
points de vue, d'abord en eux-mêmes, ensuite parce
qu'ils peuvent nous donner des chenilles et par suite
des papillons.

Les collections d'œufs sont beaucoup trop négligées
à notre avis, elles sont cependant aussi importantes
que celles des chenilles.

Pontes artificielles. — On peut se procurer des
œufs, en mettant des femelles dans une boîte, autant
que possible avec un mâle, et en leur fournissant
de la nourriture quand le papillon a l'habitude
de manger; on a pu par exemple faire pondre des

femelles de Rhopalocères en leur faisant sucer une éponge imbibée d'eau sucrée.

Il paraît aussi qu'on facilite la ponte en traversant le thorax de l'insecte avec une épingle.

Fig. 218. — Ponte des œufs.

Pour les papillons qui, comme ceux du ver à soie, n'ont pas l'habitude de manger, il est inutile de leur donner de la nourriture.

Pontes naturelles. — Mais avec ce procédé des pontes artificielles, on n'a de renseignements que sur les œufs, mais non sur la manière dont la femelle les groupe dans la nature. Le mieux est donc de récolter les pontes telles qu'on les rencontre dans la nature (fig. 218). On groupe alors les pontes semblables et on divise chacune d'elles en deux lots : l'un sert à faire éclore les chenilles et par suite à savoir à quelles espèces elles correspondent ; l'autre est mis en collection.

Pour trouver les œufs, il suffit de regarder avec soin les plantes basses, les ramilles des arbres, etc., on en trouve même dans l'eau, comme nous l'avons vu. Malheureusement, quand on n'est pas encore exercé, on en laisse passer beaucoup, car souvent les pontes n'apparaissent pas très nettement.

Forme des œufs. — La forme des œufs est en effet très variable : les uns sont ovoïdes, les autres sphériques, d'autres en forme de cylindres, de barillets, de disques aplatis.

Généralement les formes sont moins simples que celles que nous venons d'indiquer, figurant des cônes aplatis, des segments de sphères, et couverts de dessins variés qui les font ressembler à des boutons couverts d'or et d'argent.

Le Papillon du Chou pond des œufs en forme de pyramides dont la base est collée sur les feuilles. Elle est sillonnée par huit côtes arrondies, travaillées elles-mêmes en une infinité de petites cannelures transversales.

Les œufs de la *Vanessa Atalanta* ont l'aspect d'un turban, ou d'une sorte de melon avec des côtes longitudinales des plus élégantes.

La couleur des œufs est généralement blanchâtre. On en trouve cependant de bruns, de verts, de bleus, de roses, etc. Quelquefois même ils sont panachés. La couleur varie d'ailleurs avec l'état de développement de l'embryon qu'ils contiennent. ?

Formes des pontes nues. — Beaucoup de papillons ?
diurnes dispersent leurs œufs sur les plantes en les ?

Fig. 219. — Bombyx à livrée, mâle.

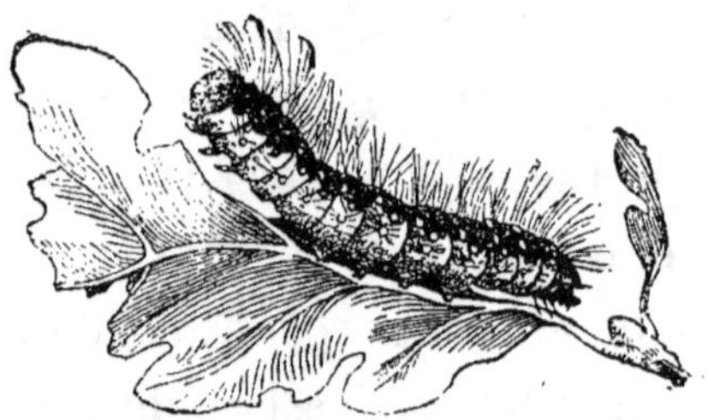

Fig. 220. — Bombyx à livrée, mâle. Chenille.

éloignant les uns des autres. Ces pontes sont peu
apparentes et difficiles à trouver : on y arrive cependant en suivant les évolutions des femelles dont les
unes pondent tranquillement, tandis que d'autres
voltigent et s'arrêtent un instant seulement pour déposer leurs œufs.

D'autres papillons réunissent leurs œufs en un
même point, mais sans leur donner de formes bien

définies. Les œufs sont fixés par une mince couche de colle.

Certains papillons, tels que le *Bombyx Neustria* (fig. 219 et 220), disposent les œufs en bracelet autour d'une petite branche d'arbre (fig. 221). « Ces nids, dit Réaumur, entourent un jet de Poirier, de Pommier, de Pêcher, de Prunier, comme les bagues ordinaires entourent les doigts ou comme les bracelets entourent les bras. Il entre depuis deux cents jusqu'à trois cents cinquante œufs dans chaque bracelet. On ne voit que leur partie supérieure dont le contour est rond et blanc ; le milieu est plus brun ; le sommet est toujours marqué par un point noir. Ces grains ou œufs qui se

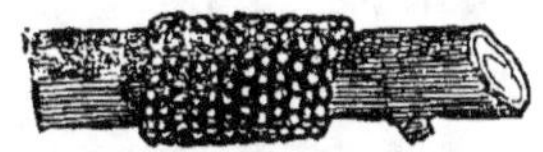

Fig. 221. — Ponte disposée en bague autour d'une branche.

touchent seulement par quelques endroits de leur contour, et qui sont pressés les uns contre les autres, laissent nécessairement entre eux des espaces qui sont remplis par une espèce de gomme jaune, dure et cassante. » Chaque œuf à la forme d'une pyramide tronquée.

La ponte de l'*Araschnia prorsa* se compose de neuf à quinze œufs, placés sur le bord d'une feuille d'ortie, les uns au-dessus des autres, simulant ainsi une petite colonne torse. C'est l'œuf le plus élevé, c'est-à-dire le dernier pondu qui éclôt le premier ; si c'était l'inverse, la colonne tomberait à la première éclosion.

Pontes recouvertes de poils. — Certains papillons ne laissent pas leurs œufs exposés aux intempéries de l'air, ils les revêtent d'un manteau protecteur, d'une fourrure de poils, qu'ils s'empruntent à eux-mêmes. Tel est le cas du *Liparis chrysorrhœa*.

Quand, sur les feuilles, les branches ou les troncs d'un arbre, on aperçoit une ponte de Liparis (fig. 222) on croirait voir une grosse chenille velue et contractée ; c'est une masse oblongue, renflée au milieu, mince sur les bords. Les poils qui la recouvrent, et dont la couleur est brune ou rousse, sont tous dirigés dans un même sens. Une des extrémités est pointue, tandis que l'autre est plus relevée et concave. Les poils sont pressés les uns contre les autres et ont un aspect velouté et satiné. L'intérieur de la masse est rempli d'œufs ronds, brillants comme de la nacre ; ils sont placés en plusieurs couches superposées, mais jamais au contact les uns des autres ; les poils qui les séparent sont d'ailleurs irrégulièrement entrelacés.

En juin et juillet, on trouve de ces pontes en grande quantité.

Fig. 222. — *Liparis dispar*, mâle; femelle pondant. Ponte. Jeunes chenilles. Chenilles plus âgées. — Chenille ayant atteint toute sa taille. Cocon à tissu lâche à travers lequel on aperçoit la chrysalide.

Comment le papillon arrive-t-il à constituer une
ponte de cette espèce ? En examinant la partie postérieure de la femelle, on remarque que les œufs sortent par un petit cône terminé par deux petites pinces.
C'est avec celles- ci que l'animal s'arrache les poils de
l'abdomen pour les déposer sur les œufs. Réaumur
a observé la manière dont se faisait ce travail, en
mettant la femelle dans une boîte en verre placée un
instant à l'obscurité. « Lorsqu'on observe au travers
du verre, dit Réaumur, les divers mouvements que
se donne l'espèce de queue ou de main, on voit qu'elle
abandonne des poils en certains endroits, qu'elle les
y dépose dans un plan à peu près vertical ; qu'ensuite
elle se raccourcit et qu'elle s'allonge alternativement
pour bien presser ces poils, pour en former une
couche dont les brins tiennent ensemble. Des poils
ayant été portés et pressés dans le même endroit à
deux ou trois reprises, un petit lit se trouve préparé
pour recevoir un œuf ; la queue qui s'allonge l'y
dépose. Elle se replie, se recourbe, se raccourcit
ensuite pour aller prendre dans le bourrelet une
pincée de poils, qu'elle va aussitôt appliquer contre
l'œuf nouvellement déposé et contre lequel elle presse
ces nouveaux poils. Ceux qui le touchent peuvent
s'y attacher parce qu'il est gluant ; mais la seconde
couche de poils n'aura pas autant de facilité à s'attacher aux poils mêmes qu'elle rencontre ; c'est pour

cela que la queue se raccourcit et s'allonge successivement pour faire l'orifice du pilon. Aussi tous les poils qui remplissent l'intérieur du nid d'œufs sont arrangés irrégulièrement comme ceux des rembourrures de chaises; mais les poils qui sont mis à la surface supérieure sont arrangés avec ordre et dans une même direction. Les poils les plus proches de

Fig. 223. — *Liparis dispar* variété.

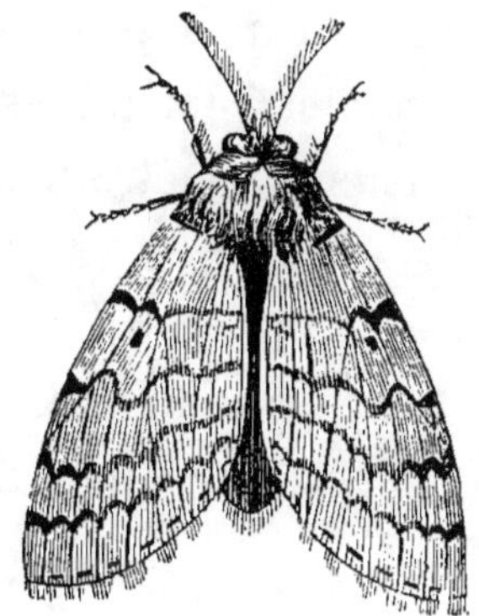

Fig. 224. — *Liparis dispar* femelle défraîchie après la ponte.

l'extrémité de l'abdomen, ceux de la couche la plus intérieure sont les premiers employés. De couche en couche, le papillon arrache successivement tous ceux du bourrelet; il va chercher des poils plus éloignés quand ceux qui étaient plus près ont été mis en œuvre; enfin peu à peu le papillon épile tout le bout de son abdomen et une partie de son ventre. »

Après la ponte, la femelle ayant perdu ses poils est

16.

bien entendu défraîchie (fig. 224). Nous représentons une variété assez commune de ce même papillon (fig. 223).

D'autres papillons fabriquent des pontes à peu près analogues, mais les œufs n'y sont enveloppés que d'une quantité de poils trop faible pour empêcher de les voir à l'extérieur.

Au lieu de se présenter en forme de plaques, ces pontes à fourrures affectent quelquefois une direction en spirale étroite autour d'une petite branche.

Quand on veut conserver les œufs pour les mettre en collection, il faut les tuer au préalable en les exposant à la chaleur, par exemple au-dessus d'une marmite remplie d'eau bouillante.

CHAPITRE XIX

PRÉPARATION DES PAPILLONS

Mort des papillons. — Epingles. — Boite à épingles. — Epingles à tête d'émail. — Pince à piquer. — Pinces fines et
aiguilles montées. — Plaques de liège et d'agavé. — Etaloir.
— Préparation des gros papillons. — Préparation des petits
papillons. — Fil de platine. — Billot de moelle. — Etaloir
de cristal. — Recollage des appendices brisés. — Accessoires
des insectes. — Collections biologiques. — Préparation des
chenilles

Mort des papillons. — Les papillons meurent
toujours dans une attitude, naturelle ou non, qui ne
permet pas de les mettre tels quels dans la collection.

C'est ainsi, par exemple, que la plupart des papillons de jour meurent les ailes relevées verticalement
sur le dos et appliquées l'une sur l'autre.

Les papillons de nuit meurent les ailes à plat,
mais les postérieures cachées par les antérieures.

Quant aux Microlépidoptères, ils ont après leur

mort une forme tout à fait irrégulière. Il est donc
par suite nécessaire de leur faire subir une préparation spéciale qui régularise leur attitude et
permette de voir la plus grande partie de leur corps
et de leurs ailes. C'est là le point le plus délicat pour
le collectionneur, car en maniant les papillons pour
les préparer, il faut prendre grand soin de ne pas
enlever leurs écailles et par suite de leur faire perdre
leurs plus beaux ornements.

Avant d'indiquer la manière de préparer les papillons, donnons quelques détails sur les objets indispensables à ce travail.

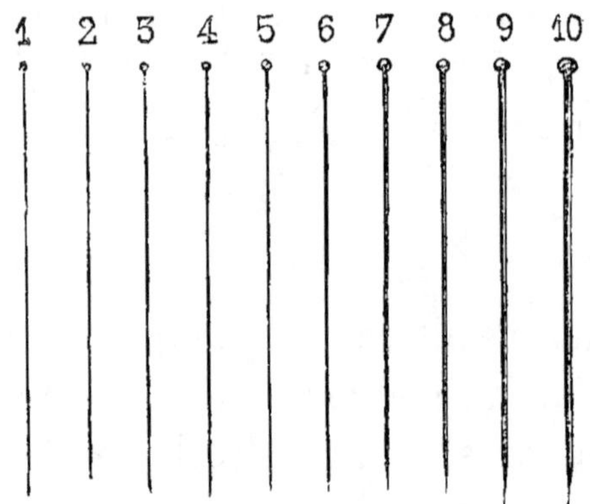

FIG. 225. — Épingles.

Epingles. — Les épingles à insectes (fig. 225) sont
généralement en laiton, dont la tête n'est pas aplatie
comme dans les épingles ordinaires, mais constituée
par un petit fil de laiton enroulé. Leur longueur est

de 36 ou de 42 millimètres ; leur épaisseur est variable ; il y a ordinairement dix numéros de grosseur différente.

Ces épingles de grande taille sont presque les seules employées en France.

On trouve en Allemagne des épingles en laiton recouvertes d'un vernis noir qui empêche la graisse d'être en contact avec le cuivre et avec lesquelles, par conséquent, les insectes ne « tournent pas au gras ». Malheureusement, si cela est vrai au point de vue théorique, il n'en est pas de même au point de vue pratique, car le vernis s'écaille facilement, sinon tout de suite, du moins à la longue et le tournage au gras recommence de plus belle.

Récemment, on a imaginé de fabriquer des épingles recouvertes d'une mince couche d'agent qui ne présentent pas le même inconvénient et qui, de plus, sont d'un aspect fort agréable ; leur prix est malheureusement un peu trop élevé.

Enfin, plus récemment encore, on a imaginé de faire des épingles en nickel, qui paraissent avoir toutes les qualités désirables.

Boîte à épingles. — Les épingles se vendent généralement piquées sur des papiers.

Lorsqu'on prépare les nombreux papillons ramassés dans une chasse, on est obligé de manier ces paquets, au nombre de dix, ce qui est très mal

commode. En outre, en les repliant, on risque de ƒ
tordre les épinges ou d'émousser leur pointe, ce qui ?
les met hors d'usage.

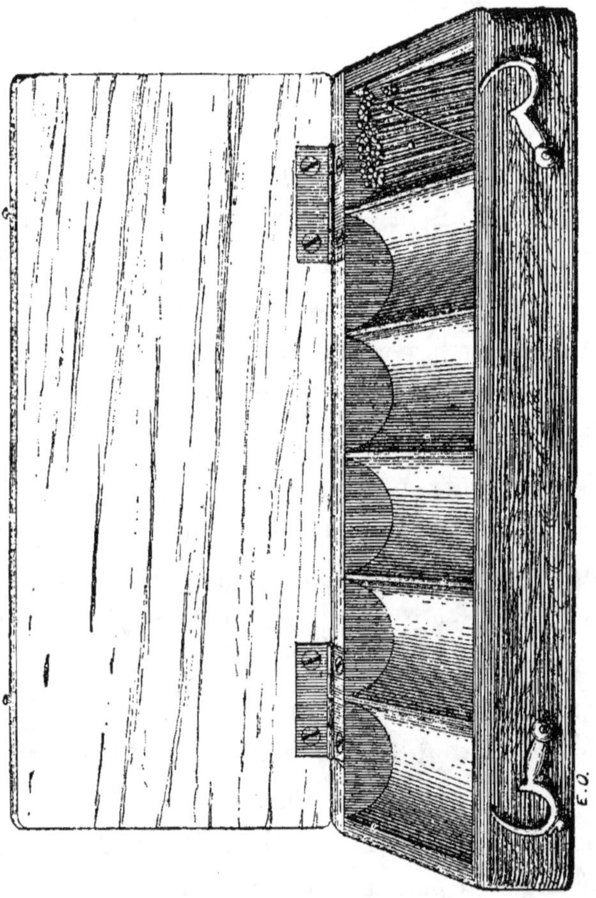

Fig. 226. — Boîte à épingles.

Aussi est-il très commode d'avoir une boîte
(fig. 226) divisée en un certain nombre de casiers
où on les range par ordre croissant de numéros,

ce qui permet de faire son choix très rapidement sans craindre d'en perdre ou d'en épointer. Ces boîtes à épingles se trouvent dans le commerce et sont disposées de manière à empêcher les épingles de se mélanger ; elles sont particulièrement commodes en voyage.

Épingles à tête d'émail. — Il faut aussi se munir de plusieurs épingles d'acier avec tète en émail, qui servent à étaler les Papillons. Leur tête d'émail permet de les manier avec les doigts. Quant à leur pointe, elle doit être acérée et solide. Ces épingles reservent indéfiniment.

Pince à piquer. — La pince à piquer (fig. 227) est un des instruments les plus indispensables à tout collectionneur d'insectes. Pour reconnaitre son utilité, il suffit d'avoir essayé de piquer quelques insectes dans les boîtes ou de les changer d'une boîte à l'autre. Saisir l'épingle en dessous avec les doigts, il n'y faut pas songer ; la main aurait vite fait de tout casser dans les environs. La saisir au-dessus est une chose presque impossible, en raison de sa faible longueur libre ; d'autant plus qu'en l'enfonçant dans le liège, elle se tord quatre-vingt-dix-neuf fois sur cent.

La pince à piquer, destinée à obvier à tous les inconvénients, est une pince en fer très forte, très solide et à mors légèrement recourbés. Grâce à elle, on saisit l'épingle en dessous de l'insecte à un demi-

centimètre environ de la pointe et on peut dès lors
l'enfoncer sans craindre de la voir se tordre ou de

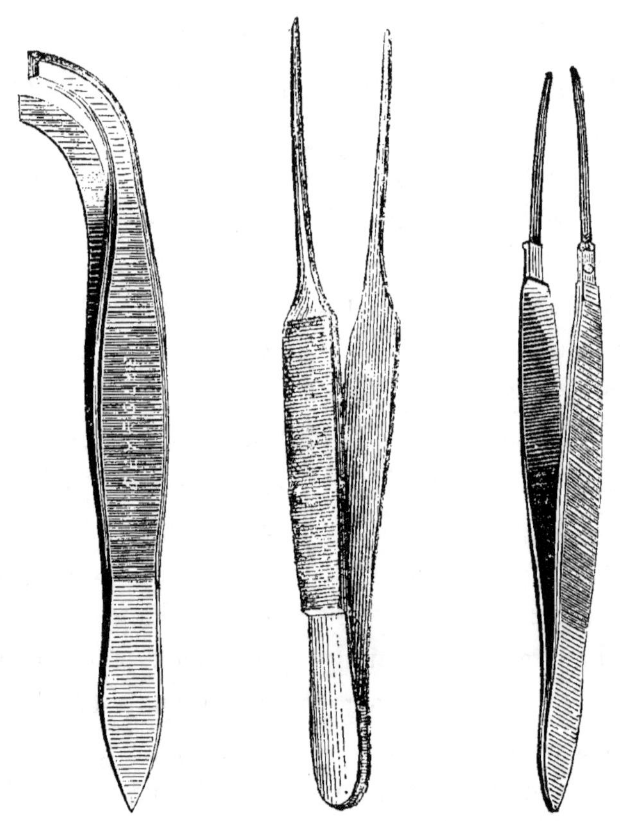

FIG. — 227. — Pince à piquer, à bout re-courbé.

FIG. 228. — Pince à piquer, à pointes fines.

FIG. 229. — Pince à pointes en ba-leine.

détériorer l'insecte. Pour que le contact de l'épingle
avec la pince soit aussi intime que possible, les
mors sont cannelés à leur face interne. Au bout

b d'un certain temps, ces cannelures s'usent et la

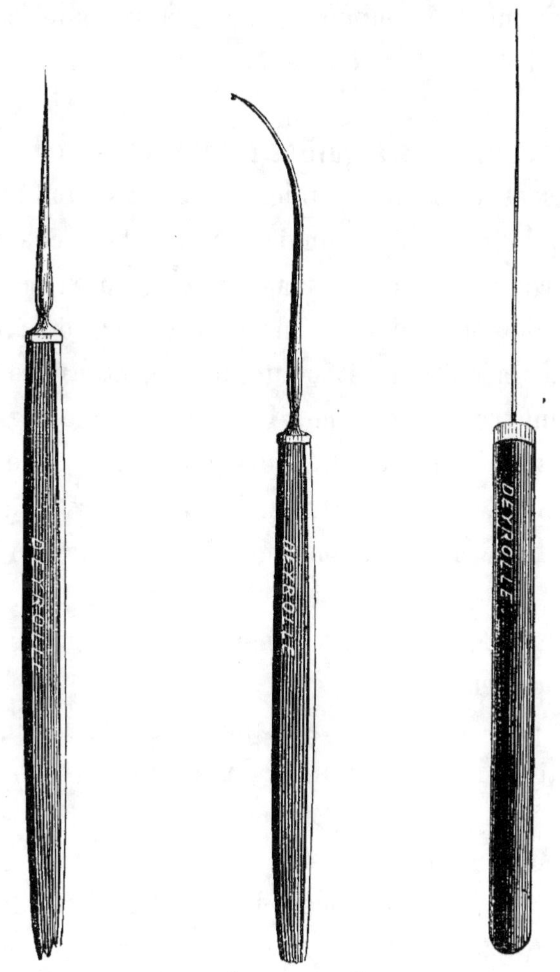

FIG. 230. — Aiguille   FIG. 231. — Aiguille   FIG. 232. — Aiguille
       droite.   courbée.   droite.

pince ne « prend » plus. Il faut alors rafraîchir les
stries avec une lime.

Quand on range ses collections, on doit avoir
constamment la pince à piquer à la main, comme,
pendant la chasse, on tenait la pince à mors flexibles.

Pinces fines et aiguilles montées. — Pour manier
les insectes morts, le mieux est de s'habituer à se
servir de ses doigts, mais souvent les échantillons
sont trop petits ou trop fragiles pour qu'on puisse les
saisir de cette façon. On se sert alors de pinces à
pointes fines, dont les bouts, minces et étroits, s'ap-
pliquent très exactement l'un sur l'autre (fig. 228).

Lorsque l'insecte est encore plus fragile, on emploie
des pinces, dont les extrémités (fig. 229) sont garnies
de deux morceaux de baleine, longs d'environ 5 centimètres et disposés de telle façon que les deux
branches de la pince viennent se toucher dès qu'on
serre un peu.

Les pinces fines servent aussi à étaler les insectes
et mettre leurs appendices dans leur position naturelle.

Il est bon d'avoir, en outre, des aiguilles droites
ou courbes, emmanchées dans un manche en bois
(fig. 230, 231 et 232). On peut facilement fabriquer
ces aiguilles soi-même à l'aide des aiguilles ordinaires que l'on enfonce avec force dans des petits
morceaux de jonc de 6 ou 7 centimètres.

Plaques de liège et d'agavé. — Il est bon aussi de

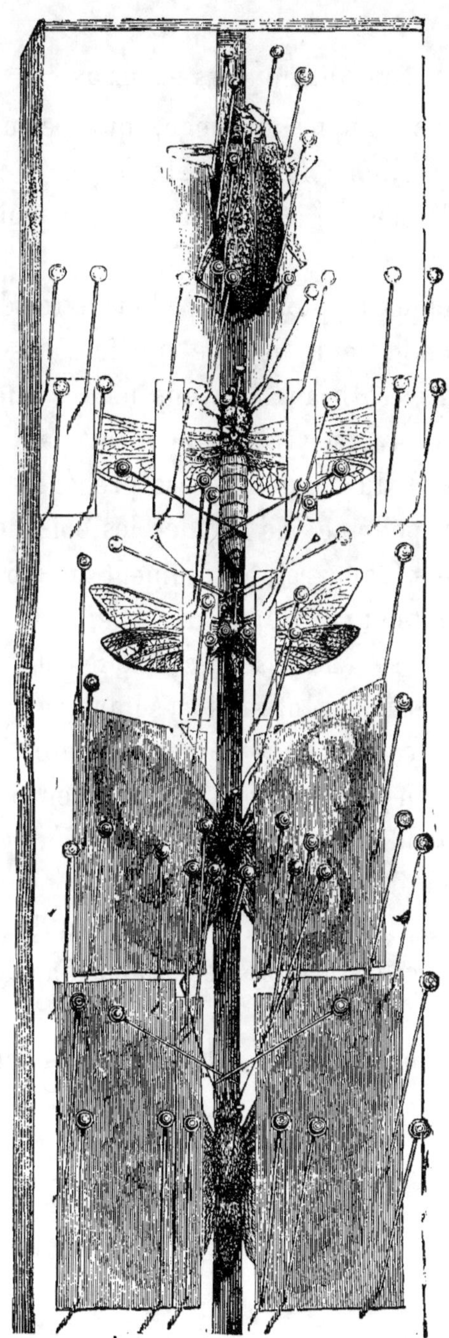

Fıɢ 233. — Étaloir avec quelques insectes étalés.

se munir de plaques de liège, qui permettent de
piquer les papillons ou de les étaler. On se sert à cet
effet de plaques de liège de 7 à 10 millimètres
d'épaisseur.

Il vaut mieux employer des planchettes découpées
dans la moelle de la hampe florifère des Agavés;
cette matière est beaucoup plus tendre que le liège
et se laisse traverser très facilement par les épingles. L'agavé du commerce est préparé d'une certaine façon, pour ne pas oxyder les épingles.

Étaloir. — L'appareil absolument indispensable à
tout collectionneur de Papillons est l'*étaloir* (fig. 233).
Cet appareil se compose essentiellement de deux
planchettes, légèrement inclinées l'une vers l'autre et
laissant entre elles une rainure étroite. Les planchettes sont en pin, en sapin, en peuplier ou en tout
autre bois tendre. Le fond de la gouttière est garnie
d'une plaque d'agavé.

Il est nécessaire d'avoir des étaloirs de différents
modèles. Voici les principales dimensions adoptées :

Largeur	26 millimètres	Rainure	2 millimètres
—	45	—	—	4	—
—	68	—	—	6	—
—	88	—	—	8	—
—	110	—	—	10	—
—	127	—	—	12	—

Largeur 147 millimètres Rainure 14 millimètres.
—   170   —   —   16   —

Pour les voyages, on construit des boîtes (fig. 234),
qui peuvent contenir des étaloirs de différents numéros. Ces étaloirs se trouvent assujettis dans cette

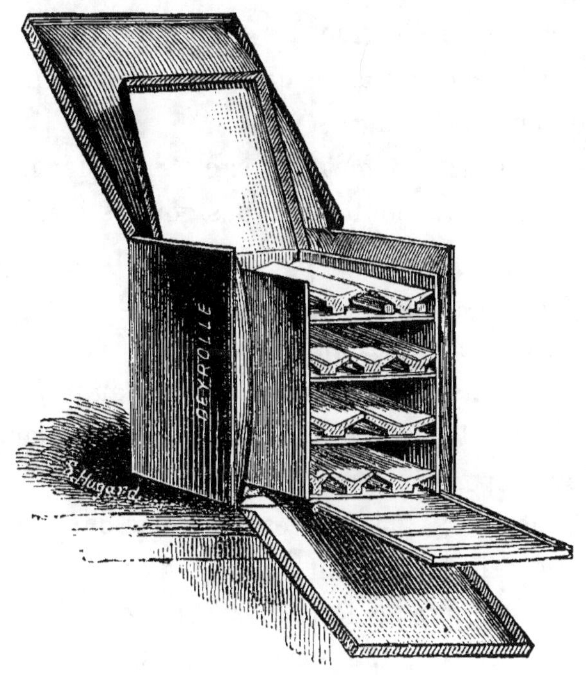

Fig. 234. — Malle à étaloir.

boîte, de telle sorte qu'ils ne peuvent bouger : la
boîte est enfermée dans une petite malle capitonnée à
l'intérieur, pour amortir les chocs de la route.

Préparation des gros Papillons. — Les Papillons
que l'on rapporte d'une chasse sont piqués dans la
boîte à l'aide d'une épingle traversant leur corselet.

Si la chasse n'a pas été de trop longue durée, les
Papillons, au retour à la maison, sont encore très
frais et peuvent être préparés de suite.

Si, au contraire, la chasse a été longue et surtout
si la chaleur a été vive, les Papillons arrivent secs;
il est indispensable alors de les ramollir avant de les
préparer.

A cet effet, on met du sable humide dans une
assiette, on y ajoute quelques gouttes d'acide phénique, on y pose un petit carré de papier sur lequel
on place les Papillons. On recouvre le tout d'une
cloche de verre ou simplement d'un verre à boire.
Les Papillons absorbent la vapeur d'eau peu à peu et
s'amollissent. L'acide phénique est destiné à empêcher
le développement des moisissures.

On peut aussi piquer les Papillons dans un flacon
à col droit, contenant un peu d'eau ou de sable
mouillé. On fixe les Papillons à la face inférieure du
bouchon. Si les Papillons ont des couleurs tendres,
susceptibles de s'altérer à l'humidité, on remplace le
sable mouillé par des feuilles bien mures de Laurier-
Cerise *(Cerasus lauro-cerasus)*.

Quand le Papillon est ramolli, on prend un étaloir
proportionné à sa taille et l'on pique l'épingle dans

l'agavé de l'étaloir, en l'enfonçant jusqu'à ce que le corps de l'insecte disparaisse dans la rainure.

Au préalable, on a donné aux pattes une position naturelle à l'aide des aiguilles et des pinces fines.

Quand ceci est fait, on rabat, avec des pinces et des aiguilles fines, les ailes sur l'étaloir.

A ce moment, on pique une épingle d'émail dans une des ailes supérieures et on l'amène en avant, de telle sorte que *son bord inférieur forme un angle droit avec le corps*. Quant à l'aile inférieure, on la ramène de la même manière en arrière, et de façon à ce qu'elle soit entièrement visible, c'est-à-dire de manière que *son bord supérieur touche, sans être recouvert, le bord inférieur de l'autre aile*. On maintient les ailes dans cette position avec des épingles à tête d'émail, ou mieux avec des bandelettes de papier fixées par des épingles, au bois de l'étaloir. Le papier végétal est particulièrement à recommander à cause de sa transparence.

Avec des aiguilles fines, on met la tête bien relevée et l'abdomen dans le prolongement du thorax et de la tête.

Les grosses espèces possèdent un abdomen volumineux qui tend à se briser. Pour obvier à cet inconvénient, on introduit sous la tête de l'insecte, frais ou ramolli, au moyen d'une aiguille très longue et

très fine, un fil qu'on fait sortir par l'extrémité de
l'abdomen ; puis on coupe ce fil aux deux bouts.

Certains amateurs anglais se servent d'étaloir à
planchettes convexes, qui donnent aux ailes une
forme bombée en dessus. Cette pratique n'est pas à
recommander.

On met les étaloirs dans une armoire ou dans des
casiers spéciaux, qui ont les côtés à jour pour
permettre à l'air de circuler librement, facilitant ainsi
la dessiccation graduelle et complète des Papillons.

Au bout de huit à dix jours, les Papillons étant
devenus secs, on les retire de l'étaloir : ils sont dès
lors bons à être mis en collection.

L'épingle médiane droite, avons-nous dit, traverse
le milieu du corselet. On doit s'arranger de façon à
ce que l'épingle ne dépasse le corselet que d'1 centimètre environ. Cette longueur est variable pour les
divers collectionneurs, mais elle est généralement la
même pour chacun d'eux. De cette façon, les insectes
occupent tous la même hauteur dans les boîtes de
collections.

« En Angleterre, dit Maurice Girard, l'usage a
introduit chez les amateurs un mode d'étalage très
défectueux. Le corps et les pattes des insectes portent
sur le fond de la boîte, et les ailes, dans les groupes
où elles sont étalées, au lieu d'être, avec l'axe du
corps, dans un même plan, sont un peu inclinées en

toit, dont le corps forme l'arête saillante, et leur bord touche le plan de position. De cette manière, il est fort difficile de ne pas briser quelque membre, quand on enlève ou quand on replace l'insecte ; et, de plus, on ne voit que fort difficilement les ravages des Dermestides ou des Teignes, la poussière causée par les larves dévastatrices étant cachée par le corps et les ailes de l'insecte. Toutefois, comme il faut respecter les habitudes de chacun, nous engagerons à préparer *à l'anglaise* les insectes qu'on voudra échanger avec les collectionneurs des îles Britanniques. »

Préparation des petits papillons. — Pour les petits Papillons, on remplace les bandes de papier par des lames de cristal bien poli, qui pressent de leur poids sur les ailes et n'enlèvent pas les fines écailles.

Préparation des Microlépidoptères. — Les Microlépidoptères sont fort difficiles à préparer, en raison de leur petitesse et de leur délicatesse.

On peut les coller sur de petits cartons traversés d'une épingle, mais cela n'est pas très pittoresque.

La colle dont on se sert est une solution de gomme arabique, à laquelle il faut ajouter un peu de sucre pour l'empêcher de se craqueler et un peu de sublimé corrosif ou d'acide phénique pour parer au développement des moisissures. Nous ne recommanderons pas le collage sur des triangles de bristol, car les

insectes y adhèrent fort mal et se détachent au moindre
choc.

« Le mieux, dit Maurice Girard, quand on veut
bien voir de tous côtés les très petits insectes, est de
les adapter à de fins fils métalliques (fig. 235). Cela
est surtout nécessaire pour les insectes poilus ou bien
à ailes délicates ou poussiéreuses, car les poils, les
écailles ou les ailes s'empâtent, se déforment dans
les substances agglutinantes sur carton. On s'est
servi d'épingles entomologiques très fines. Elles sont
pleines d'inconvénients, surtout avec les espèces
grasses ; elles donnent un dépôt vert de sels gras
cuivreux, se dilatant et faisant éclater le petit insecte,
ou le recouvrant au point de le masquer ; en outre,
elles sont très flexibles et vacillantes, et l'on a beaucoup de peine, avec des pinces courbes, à enfoncer ou
à retirer du fond de liège de la boîte ces tiges filiformes, sans les tordre ou les plier, au grand préju-
dice du trébuchant insecte qu'elles portent ; enfin,
elles sont trop grosses pour de minuscules espèces.

« Les entomologistes lyonnais se servent d'un fil
de fer, à la pointe duquel est adapté le petit insecte.

« Le fer s'obtient en fil à tous les degrés de téna-
cité ; mais il se rouille, devient très cassant et est très
difficile à faire tenir dans le liège.

« Le problème a été enfin résolu parfaitement par
les entomologistes de l'Allemagne, en fixant les petits

insectes par des fils métalliques courts. On se sert
de fils de passementerie qui se vendent enroulés sur
des bobines de bois. Ils sont en argent et alors un
peu mous, ou de cuivre argenté, et ont alors l'inconvénient d'être altérables. Le mieux paraît être le fil

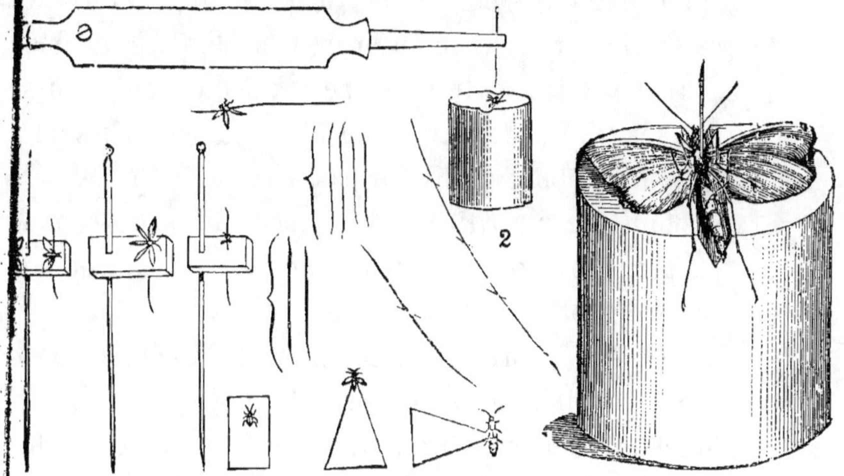

Fig. 235. — Préparation des petits insectes; 1, Petits insectes
collés sur des morceaux de carton. 2, Fils d'argent ou de platine
préparés ; 3, Manière de piquer un Microlépidoptère ; 4, Microlépidoptères et Microhyménoptères piqués et préparés sur des pris-
mes de moelle de sureau. 5.   icrolépidoptère très grossi,
piqué sur un billot de moelle, le dos dans une rainure.

de platine, qu'on prépare de toutes grosseurs, qui
est dur et inaltérable. Couper sous la loupe fixe un
bout de fil d'environ 1 centimètre par insecte, en
ayant soin de donner le coup de ciseaux très obliquement à l'axe du fil afin d'avoir chaque extrémité

très pointue. Le petit insecte est renversé sur le dos, dans la main ou sur le papier, ou, mieux encore, dans un petit sillon creusé dans un bloc de moelle végétale. On tient le fil très serré dans une pince, et, sous la loupe à pied, comme celle des horlogers, on enfonce une des pointes entre les pattes. On la fait ressortir par le dos d'environ 1 millimètre, ou bien si le dos a des sculptures spécifiques, on ne la laisse pas sortir. Puis on retourne l'insecte, en saisissant à la pince le bout du fil qui passe entre les pattes ; on le pique sur un petit parallélipipède de moelle comme les petits cartons. L'insecte se voit très bien en dessus et en dessous. »

On peut encore préparer les Microlépidoptères de la façon suivante indiquée par M. Fologne. Le papillon étant renversé sur le dos, on le pique entre les pattes de la première paire au moyen d'une épingle à deux pointes ou du fil de platine. Le dos de l'insecte doit être appuyé sur un petit rectangle de papier glacé qu'on pique en même temps, et qui sert à protéger la fine pubescence du thorax, ou mieux dans la rainure du billot de moelle de sureau. Les étaloirs sont formés de deux lames de cristal de même épaisseur, avec papier blanc collé en dessous, adaptés sur une planchette, et offrant, dans un étroit intervalle proportionné au corps des Lépidoptères, une bande de moelle de sureau. On étale les Papillons retournés, c'est-à-dire le dessus des ailes touchant les lames de cristal. On déploie les ailes en soufflant légèrement d'arrière en avant; on les met en place avec une très fine pointe d'aiguille, et l'on applique dessus de petits carrés de cristal.

Recollage des appendices brisés. — Quand on prépare les papillons ou qu'on les change de place dans les collections, il arrive souvent que des appendices, soit des antennes, soit des pattes, se trouvent brisés. Pour y remédier, rien n'est plus simple : on dépose sur l'endroit où s'est produit la cassure, une goutte de gomme arabique et on y place la partie brisée que l'on amène à l'aide d'une pince fine. Généralement l'appendice se replace fort bien. S'il n'en était pas ainsi, on les maintiendrait en place avec des épingles et des petits morceaux de carton.

La gomme laque dissoute dans l'alcool jusqu'à consistance sirupeuse donne de meilleurs résultats que la gomme arabique. Elle a en effet l'avantage de sécher très rapidement et de ne pas se ramollir par l'action de l'humidité.

Si l'abdomen a été percé par un insecte parasite, on le bouche avec un mélange de laine de couleur appropriée, finement hachée, avec de la gomme laque. On peut recouvrir ce tampon d'une mince couche de peinture.

Accessoires des insectes. — L'insecte, solidement attaché à une épingle, n'est pas encore prêt à entrer en collection : il faut lui adjoindre plusieurs indications : 1° La nature du sexe ; 2° Le nom de la personne qui l'a récolté ; 3° La localité d'où il provient, et quelquefois 4° Un numéro d'ordre. Toutes ces notes peuvent être écrites sur de petits carrés de papier que l'on pique sur la même épingle, au-dessous de l'insecte, en les étageant les uns au-dessous des autres. Chaque collectionneur a, à cet égard, une manière spéciale de procéder.

Voici, à titre d'exemple, celle que nous employons, et qui, croyons-nous, doit être recommandée.

A l'aide d'un emporte-pièce que l'on vend chez tous les quincaillers, on découpe des petites rondelles de papier de couleur, tout à fait analogues aux *confetti*, qui, depuis deux années, ont tant de succès dans les fêtes publiques.

Les rondelles *violettes* sont piquées environ à moitié chemin de l'insecte et de la pointe : on y écrit le signe ♂ si l'insecte est mâle, et le signe ♀ s'il est femelle.

Les rondelles *rouges* indiquent par leur couleur que l'insecte a été récolté par le possesseur de la collection ; on y inscrit l'endroit où la récolte a été faite et un numéro d'ordre s'il y a lieu.

Les rondelles *bleues* indiquent que l'insecte a

été récolté par une personne étrangère. On y écrit le nom de la personne, celui de la localité et un numéro d'ordre.

Ces étiquettes, rouges et bleues, suivant les cas sont piquées tout près de la pointe, de manière à reposer sur le fond de la boîte quand l'échantillon est en collection.

Certains naturalistes remplacent l'étiquette rouge par un rectangle de papier blanc, où le nom du propriétaire est imprimé et où un espace blanc permet d'écrire le nom de la localité : c'est ce dernier mode seul qui doit être employé quand on fait des échanges : l'étiquette donne une plus grande valeur à l'échantillon. Bien entendu, quand on reçoit de pareilles étiquettes d'un correspondant, on les laisse en place et on ne met d'étiquettes bleues que quand elles manquent.

Collections biologiques. — Les collections des divers travaux opérés par les insectes et des produits qu'ils donnent sont d'un puissant intérêt. Généralement on peut conserver les objets tels quels.

Souvent aussi, par exemple quand il s'agit de bois rongés, il est nécessaire de tremper les échantillons dans l'alcool contenant du sublimé corrosif. De cette façon, les bois ne risquent pas d'être détériorés par les insectes qui y vivent ou par ceux qui peuvent venir s'y établir. Il sera bon aussi de les conserver tous à l'abri de l'humidité, car les moisissures auraient vite fait de les faire tomber en pourriture.

Préparation des chenilles. — Une collection complète ne doit pas contenir seulement les papillons adultes, mais encore les chenilles, les nymphes, les cocons et les œufs. Précédemment nous avons décrit ces trois dernières. Les amateurs de chenilles deviennent de plus en plus nombreux, ce qui s'explique facilement, vu l'intérêt de ces bestioles et souvent leur aspect fort joli.

La manière de préparer les chenilles est malheureusement fort délicate; mais l'habileté s'acquiert peu à peu avec l'habitude. Voici, d'après M. Maurice Girard, les renseignements nécessaires pour conserver les chenilles :

« Pour mettre les chenilles en collection, le moyen le plus simple est l'emploi de liquides préservateurs, soit l'alcool affaibli, de 20 à 22 degrés Baumé, soit les diverses liqueurs servant à conserver les préparations anatomiques, et que fournit le commerce.

« On commence par laisser séjourner la chenille pendant quelques heures dans l'alcool, afin qu'elle se débarrasse de diverses déjections qui troubleraient le liquide. Toutes ces substances finissent par altérer et détruire les couleurs de la chenille, en même temps qu'à l'inverse le liquide se colore.

« Dans une seconde méthode, on vide la chenille et on lui enfonce dans le corps de l'alun calciné mêlé à du coton haché, ou l'on y injecte de la cire fondue au moyen d'une petite seringue à injection.

« On peut aussi maintenir la cire fondue dans un bain d'eau chaude, et la faire passer dans la peau de la chenille vidée au moyen d'une petite ampoule de caoutchouc pleine d'air qu'on presse entre les doigts, et de tubes de verre ou de fétus de paille convenablement ajustés.

« Ces préparations à la cire sont difficiles et déforment beaucoup les sujets, si l'on n'en a pas une grande habitude. Il est bon de repeindre la chenille à l'extérieur pour les parties ornées sur le vivant de couleurs vives.

« Les amateurs adroits préfèrent l'insufflation des chenilles.

« Pour cela, on incise d'un coup de ciseau l'extrémité de l'abdomen, et, en pressant légèrement avec les doigts, on fait sortir les viscères, muscles et autres matières molles de l'intérieur. On introduit alors un fétu de paille dans l'ouverture, ou le bec d'un chalumeau, en faisant avec un fil une ligature qui maintient la peau de la chenille. On la porte ensuite au feu. Pour cela, on introduit la chenille dans un appareil chauffé à l'esprit de vin ou au moyen d'un réchaud de charbon de bois, appareil qui varie selon les opérateurs. Pour les uns, c'est un entonnoir de fer-blanc renversé; pour d'autres, c'est une boîte carrée de métal, ou une simple plaque (fig. 236); on peut employer, si l'on veut, un court tuyau de tôle posé horizontalement sur le support qui surmonte la lampe à alcool. On souffle doucement en roulant dans l'air chaud la chenille, de manière qu'elle sèche également de tous côtés. Tant que la chenille est dans l'air chaud, il ne faut pas cesser de souffler. On la retire, quand elle est gonflée et sans humidité. On la pique avec une épingle, ou on la colle sur une carte. On peut aussi passer à l'intérieur un morceau de paille.

« On comprend qu'une pratique soutenue doit faciliter la réussite de cette petite opération.

« Il faut choisir pour les chenilles poilues le moment qui suit la mue ; sans cela, les poils se détachent du corps lorsqu'on les vide. Les chenilles soufflées doivent être tenues à l'abri de l'humidité.

« Un amateur instruit et artiste habile, M. Goossens, a ajouté à ce procédé d'importants perfectionnements. Il fait remarquer que ces chenilles soufflées conservent leur aspect naturel, si elles sont grises, brunes, noires, ou fortement poilues. Il en est tout autrement pour les chenilles vertes, ou jaunes, ou incolores. En vidant une chenille vert-pomme, on voit déjà la peau se décolorer et devenir d'un jaune sale ; puis, à mesure qu'on la dessèche en soufflant dans l'appareil, la peau passe du jaune au brun clair et souvent au brun foncé. Il reste sans doute la forme et la taille, mais le sujet devient méconnais-

Fig. 236. — Préparation d'une chenille.

sable, surtout dans les petites espèces de Phalénides et dans les Microlépidoptères, où il y a souvent si peu de différence entre les chenilles de plusieurs espèces voisines.

« On essayerait en vain d'injecter à l'intérieur de la chenille de la cire colorée : tantôt la peau n'est pas transparente et ne laisse pas voir la couleur interne ; tantôt la couleur, au contraire, tient à la surface extérieure de la peau ; enfin, ce moyen est inexécutable pour les petites espèces. Il faut peindre ces chenilles soufflées à l'extérieur. Les couleurs à l'eau ne prennent pas sur la peau grasse, et celle-ci est trop fragile pour qu'on puisse la dégraisser à la craie ou au savon.

« M. Goossens recommande de délayer la couleur en poudre dans de l'essence de térébenthine, d'essayer la teinte sur une palette ou sur une assiette, puis de peindre le corps de la chenille soufflée. La couleur à l'essence prend parfaitement sur la peau de la chenille. Cette méthode s'applique aux chenilles décolorées des Sésies, aux larves de Coléoptères, etc. Elle est donc importante par sa généralité. La peinture, très aisée, se résume le plus souvent en une teinte plate. On fait sécher un moment la larve dans l'appareil décrit plus haut, mais alors les couleurs deviennent mates.

« Pour leur donner l'aspect cireux, propre aux chenilles vivantes, M. Goossens les plonge un instant dans la cire vierge fondue, éclaircie d'un peu d'essence de térébenthine. En retirant tout de suite la chenille peinte, elle n'a qu'un léger glacis de cire. On peut ajouter à la cire un peu d'acide arsénieux, qui servira de préservatif.

« Ce procédé de peinture des chenilles et des larves soufflées, que chacun peut perfectionner par la pratique, et auquel le goût artistique n'est pas étranger, permettra de faire des collections de chenilles et de larves avec autant de plaisir qu'on fait habituellement des collections d'insectes parfaits. De beaux exemplaires, bien réussis, de ces chenilles soufflées et peintes de leurs teintes naturelles, ont été présentés par M. Goossens à l'examen des membres de la Société entomologique de France, dans sa séance du 27 septembre 1865, et ont été soumis au public en 1868, au palais de l'Industrie, à Paris, à l'exposition des Insectes. »

On peut en voir dans la plupart des collections publiques.

CHAPITRE XX

RANGEMENT DES PAPILLONS EN COLLECTIONS

Boîtes en bois ou en carton. — Cartons liégés. — Cartons
ordinaires. — Cartons à double gorge. — Cartons vitrés. —
Cartons doubles. — Cadres vitrés. — Cadres tiroirs. — Car·
tons à double emballage. — Cartons réflecteurs. — Cadre à
double verre. — Rangement des insectes dans les boîtes. —
Conservation des collections. — Tournage au gras. — Détermination des papillons. — Échanges.

Boîtes en bois ou en carton. — Les Papillons,
préparés comme nous venons de le dire, se conservent dans les boîtes en bois ou en carton.

On peut fabriquer ces boîtes soi-même en garnis-
sant le fond d'une couche de liège d'1 centimètre
d'épaisseur et en recouvrant celle-ci d'une feuille de
papier blanc qui la cache complètement. Ces boîtes,
malheureusement ne ferment jamais hermétiquement,

et les insectes nuisibles, ainsi que la poussière,
viennent souiller les insectes qu'elles contiennent.

Cartons liégés. — Il est préférable de se procurer
chez les marchands naturalistes des cartons liégés,

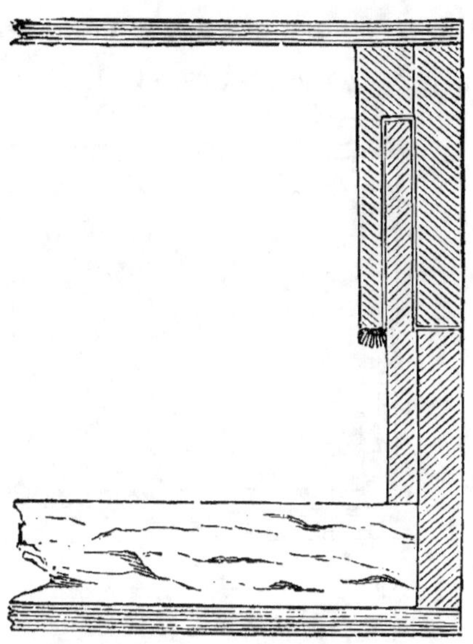

Fig. 237. — Coupe transversale du carton à double gorge
montrant la fermure.

ordinairement recouverts en papier maroquin grenat,
avec filets verts. Il en existe plusieurs modèles.

Cartons ordinaires. — Les *cartons ordinaires*,
simples boîtes avec leurs couvercles, ne doivent pas
être recommandés, car ils ferment toujours mal.

Cartons à double gorge. — Le système des *car-*
tons dits à double gorge (fig. 237) est bien préfé-

rable. Ici, les parois verticales du couvercle sont dédoublées et tapissées de velours à leur face interne. C'est entre les deux que viennent se glisser les parois verticales de la boîte. De cette façon, la fermeture est absolument hermétique, et empêche la pénétration des insectes destructeurs et des poussières. Il en

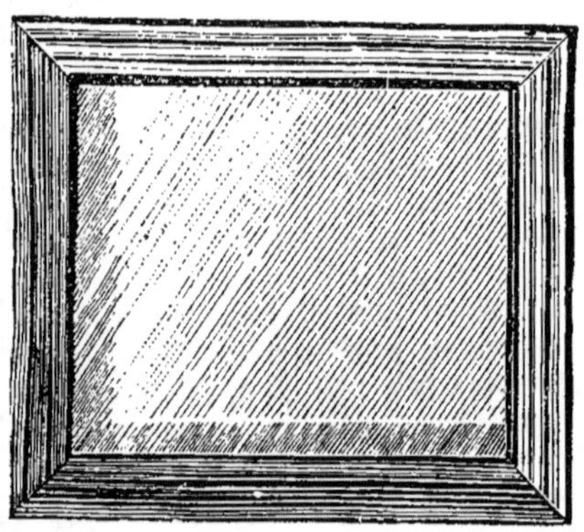

Fig. 238. — Cadre pour accrocher au mur.

existe généralement deux formats, les uns ayant 26 centimètres sur 19,50 et 6 de haut, les autres ayant 39 centimètres sur 26 et 6 de haut. Nous préférons le petit modèle, qui est d'un maniement plus facile. Ces cartons se placent généralement, dans les rayons d'une bibliothèque, comme des livres.

Cartons vitrés. — Les cartons précédents se vendent aussi vitrés de manière à ce qu'on puisse voir l'intérieur sans avoir besoin de les ouvrir. Nous rejetterons l'emploi de ces cartons, parce qu'ils sont fragiles et de plus parce que la lumière, à la

Fig. 239 . — Meuble pour collections d'insectes.

longue, finit par altérer les couleurs des insectes.

Cartons doubles. — Il y a aussi des cartons dou -

bles, où le couvercle a les mêmes dimensions que la boîte et qui sont liégés à la fois sur le fond et sur le couvercle. De cette façon, on peut piquer des insectes des deux côtés.

Cadres vitrés. — Quelquefois, à côté de leurs collections d'études, les amateurs aiment à rassembler dans des cadres vitrés les insectes qui se signalent par leurs formes bizarres ou par leur brillante parure. On fabrique pour ces collections « mondaines » des cadres fermant hermétiquement et pouvant se manier aisément

Cadres tiroirs. — On fabrique aussi des meubles (fig. 239), des sortes de casiers, où chacun des tiroirs (fig. 240) est une boîte à face supérieure vitrée : de

Fig. 240. — Tiroir vitré pour collection.

cette façon, les insectes se trouvent à l'abri de la lumière en même temps qu'on peut les examiner quand on le désire, sans avoir besoin d'ouvrir le cadre. Ces tiroirs sont construits en bois de Caïlcedra, appelé par corruption Calcedrat, qui a l'avantage de ne pas *jouer* et, paraît-il, d'éloigner par son odeur les insectes destructeurs. La façade est en vieux chêne et porte des boutons en ébène. L'aspect du meuble est ainsi très propre et très agréable à l'œil. Les tiroirs sont tous construits avec les mêmes dimen-sions, de sorte que, si le besoin s'en fait sentir, on peut les changer de place sans inconvénient.

Cartons à double emballage. — M. Héron-Royer a imaginé des cartons, qui, à notre avis, sont bien plus avantageux que tous les modèles précédents ; ce sont les seuls, d'ailleurs dont nous nous servons. Extérieurement ce sont des cartons ordinaires ; mais quand on a soulevé le couvercle, on voit que la boîte est recouverte d'une vitre ; celle-ci est mobile sur une charnière opposée à celle du couvercle ; de plus, elle est garnie sur tout son pourtour d'un rebord de velours qui, en s'appliquant sur la boîte, effectue un mode de fermeture hermétique. Ces cartons ont donc les avantages, à la fois des cartons vitrés et des cartons non vitrés, sans en avoir aucun des inconvénients. On les place comme des livres dans des bibliothèques ; quand on veut voir ce qu'ils con-tiennent, on soulève le couvercle, sans avoir à crain-dre l'arrivée de la poussière ou des insectes destruc-teurs. On peut aussi lés montrer aux « profanes », sans crainte que ceux-ci (ce qui arrive, hélas ! trop souvent), ne démolissent les insectes en les indiquant du doigt.

Cartons réflecteurs. — Les cartons que nous avons décrits jusqu'ici, ont l'inconvénient de ne laisser voir que la partie supérieure du Papillon. Pour voir la face supérieure, il est nécessaire de dépiquer l'insecte. Comme on risque ainsi de le détériorer, on a imaginé de remplacer le fond du carton par une glace étamée qui reflète fidèlement le

Fig. 241. — Carton réflecteur à fond de glace étamée.

dessous des insectes (fig. 241). Les épingles se piquent sur des baguettes liégées mobiles qui se fixent au moyen d'une épingle sur les côtés de la boîte recouverte d'une bande de liège. Ces cartons réflecteurs sont particulièrement à recommander pour les collections publiques.

Cadre à double verre (fig. 242). — C'est dans le même but que l'on fabrique des cartons, dont le fond et le couvercle sont en verre. On pique les papillons sur un support imaginé par M. Sauvinet. Ce support est en cuivre nickelé ; les deux extrémités, aplaties et percées de deux trous, se fixent au moyen d'épingles camions, sur des bandes de liège, placées de chaque

Fig. 242. — Carton à double verre, avec support Sauvinet.

côté de la boîte. Ce carton, étant vitré des deux côtés, permet de voir les deux faces d'un Papillon, en considérant attentivement les deux parties vitrées de la boîte.

Rangement des insectes dans les boîtes. — Chacun a sa manière de collectionner. Les uns ne s'occupent que des Papillons du village qu'ils habitent. Le^s autres rassemblent les insectes de leur département. D'autres collectionnent les Papillons du Midi seule-

18.

ment ou de la France tout entière, ou encore de l'Europe, ou même du monde entier. Évidemment les modes d'arrangement des collections varieront avec ces goûts divers et avec les habitudes de chacun. Les énumérer toutes serait fastidieux et même inutile.

Pour fixer les idées, nous imaginerons que l'on veuille collectionner les Papillons de la France et nous indiquerons notre manière de procéder, qui est d'ailleurs la plus habituelle et certainement la plus pratique.

Il faut pour cela nous procurer : 1º de grandes étiquettes, comme celles que nous représentons

FIG. 243. — Étiquette.

FIG. 244. — Étiquette.

(fig. 243), avec des lignes de couleur, roses par exemple ; 2º des étiquettes plus petites (fig. 244), avec des lignes de couleur différentes, noires par exemple ; 3º de petites épingles spéciales de 1 centimètre environ de longueur, dites *épingles camion*.

Supposons maintenant que nous soyons arrivés à

classer les Bombycides. Nous prendrons pour écrire une étiquette rose.

Dans le coin de la boîte qui se trouve en haut et à gauche, nous délimiterons *à l'œil* un espace suffisamment grand pour contenir les *Bombyx neustria* que nous nous proposons d'y mettre côte à côte, deux Papillons et une chenille par exemple : le rectangle laissé en blanc aura donc, dans ce cas particulier, environ 14 centimètres de long sur 5 centimètres de large. C'est au-dessous de cet espace que nous piquerons l'étiquette portant l'indication :

BOMBYX

NEUSTRIA

à l'aide de deux épingles camions, piquées au milieu des deux petits côtés ou de quatre épingles enfoncées dans les quatre angles.

Ceci fait, nous délimiterons un espace à peu près égal, à droite du précédent et sous lequel nous placerons une étiquette *noire*, avec cette indication :

CASTRENSIS. L.

Puis encore à gauche un autre espace avec une étiquette noire :

LANESTRIS. L.

Si nous sommes arrivé au bord droit de la boîte, nous recommencerons la même opération plus bas, dans le sens de l'écriture, c'est-à-dire de gauche à droite et ainsi de suite : le nom du genre et de la première espèce doivent être portés par la même étiquette.

De cette façon, les boîtes sont terminées une fois pour toutes; quand on trouve une espèce que l'on ne possédait pas encore, on la met en son lieu et place; on n'a pas besoin pour cela de déranger les autres insectes du même carton.

Quelques collectionneurs ne se servent pas d'étiquettes écrites à la main. Ils achètent *deux* catalogues des papillons de France, et y découpent les noms des genres et des espèces qu'ils piquent dans les boîtes comme nous l'avons indiqué. Ces noms sont malheureusement imprimés en petits caractères et ne se lisent pas très facilement au fond des cartons.

Combien faut-il mettre d'insectes de chaque espèce? Cela est variable avec les goûts des amateurs. Quand on a affaire à de gros Papillons, on se contente souvent d'en placer seulement deux exemplaires, un mâle et une femelle. Quand les individus sont plus petits, on en met généralement un plus grand nombre, quatre à huit environ.

Si l'espèce comporte une variété, on la place dans le casier de l'espèce type, avec une étiquette indiquant son nom, piquée juste au-dessous d'elle.

Dans chaque case, on peut aussi ajouter dans des

petits tubes à l'alcool solidement fixés par des épingles : 1° une chenille ; 2° une nymphe ; 3° des œufs.

On pique les chenilles en les traversant de part en part avec une épingle, vers le premier tiers antérieur ; il est bon de consolider la partie postérieure avec deux aiguilles frôlant les bords droits et gauches. On peut aussi les coller sur des petites branches d'arbres.

De même aussi, on peut piquer, à côté des espèces, les dégâts qu'ils occasionnent, par exemple dans les bois. Mais comme ces échantillons sont souvent volumineux, on les conserve généralement à part dans des meubles spéciaux, à tiroirs.

Quand la boîte est terminée, on met au dos une étiquette indiquant : 1° la famille, 2° les genres repr é sentés, 3° un numéro d'ordre. On met enfin toutes ces boîtes dans des armoires ou dans des bibliothèques, de manière à pouvoir les retrouver et le prendre au premier besoin.

Conservation des collections. — Les insectes desséchés, si l'on n'y prend garde, servent de nourriture à une multitude d'insectes adultes, de larves, d'Acariens, qui, si on les laisse faire, ne tardent pas à dévorer toutes les collections et à faire tomber les échantillons en lambeaux.

Pour préserver les collections des insectes dévastateurs, une des premières recommandations est d'avoir des boîtes fermant hermétiquement; malheureusement cela n'est pas suffisant, car, avec les échantillons que l'on y place, on introduit souvent des œufs ou des larves de ces insectes.

« Autrefois, dit Maurice Girard, on se servait pour tuer les larves qui dévorent les collections du *necrentome*, sorte de caisse métallique, où l'on plaçait la boîte, et dans laquelle on maintenait quelque temps l'air à la température de l'eau bouillante et même plus. Cet échauffement prolongé, renouvelé plusieurs fois, rendait cassants les insectes desséchés de la collection, et même agissait sur les couleurs délicates.

On peut si l'on veut préserver sans danger un grand nombre de boîtes à la fois, les disposer dans une caisse ou une armoire, hermétiquement close par des feuilles de tôle ou de zinc à l'intérieur, placée dans un lieu isolé et dans laquelle on mettra du sulfure de carbone, dont la vapeur très subtile pénètre à travers les joints. On recommence de temps à autre. Il faut remarquer, dans le cas où l'on se sert du sulfure de carbone comme préservatif, qu'il est nécessaire de rejeter les étiquettes placées à la céruse, car elles ne tarderaient pas à noircir par formation de sulfure de plomb.

Mais ce sont là des manipulations qui ne sont pas à la portée de tout le monde. On se contente généralement de mettre dans la boîte une substance, dont la vapeur se répandant dans l'intérieur va tuer les insectes destructeurs.

A cet effet, on peut employer un petit sachet, rempli de naphtaline, que l'on fixe, à l'aide d'une épingle, dans le coin de la boîte.

On fabrique aussi depuis peu de temps des boules de naphtaline naturellement fixées au sommet d'une épingle.

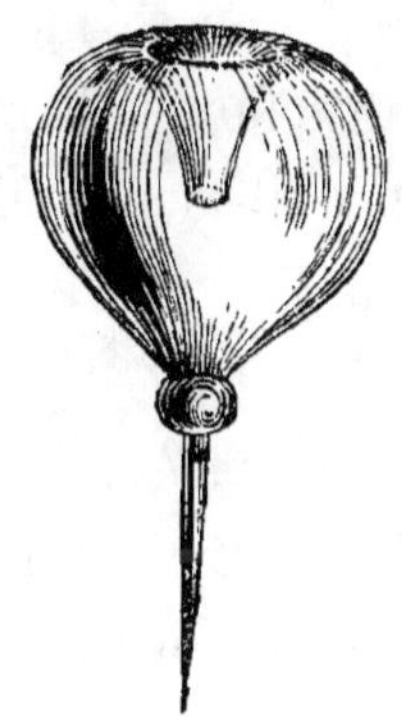

FIG. 245. — Fiole Sauvinet.

On peut se contenter de répandre de la naphtaline en poudre au fond de la boîte.

Le camphre était autrefois très employé, mais son action insecticide n'est pas assez puissante.

Plus souvent on se sert d'une substance liquide. On peut déposer cette matière sur différents *substratum :*

1° Une petite éponge enfilée dans une épingle ;

2º Une boule de coton disposée de la même façon ;

3º Une petite cuvette de zinc fixée dans le carton et contenant soit du coton, soit une éponge ;

4º Une *fiole Sauvinet* (fig. 245), disposition très ingénieuse : c'est un petit flacon de verre absolument inversable et où l'évaporation se fait lentement.

L'un quelconque de ces petits appareils est piqué solidement dans le coin d'une boîte, de manière à ce que le liquide que l'on y met ne coule pas et ne vienne pas par suite tacher le papier et les étiquettes.

Quels liquides doit-on employer? En voici l'énumération avec leurs avantages et leurs inconvénients :

1º *Lavande de menthe*. Peu insecticide.

2º *Sulfure de carbone*. Très insecticide, mais s'évaporant trop vite, formant des mélanges détonants avec l'air et funeste à respirer.

3º *Essence de serpolet*. Pas assez insecticide.

4º *Benzine*. Bonne; mais trop volatile.

5º *Acide phénique*. Excellent; mais tachant le papier, s'il vient à couler.

6º *Alcool*. S'évaporant trop vite.

On voit donc que le meilleur liquide conservateur est l'acide phénique ou encore la benzine. Il faut avoir soin de ne pas toucher l'acide phénique avec les doigts, car il brûle assez fortement.

On doit rejeter l'emploi du soufre brûlé, qui donne

de l'acide sulfureux, très bon insecticide, mais qui détruit les couleurs.

« On a essayé, dit M. Maurice Girard [1], de tremper les insectes précieux dans des solutions vénéneuses qui les mettent à l'abri de toute atteinte. Ce sont surtout les types de description qu'il est nécessaire de préserver ainsi, car ils seront souvent demandés, dans les travaux postérieurs, pour servir de comparaison et de points de reconnaissance, et éviter la création à de fausses espèces ; on est toujours enclin croire nouveau ce qu'on ne connaît pas.

« On a essayé de tremper les insectes frais ou anciens, mais alors préalablement ramollis, dans une solution d'acide arsénieux, dans l'alcool. L'insecte est préservé et non altéré ; mais il est devenu sensible à l'humidité et disposé à la moisissure. C'est ce qui a fait renoncer à l'emploi de l'arséniate de soude, sel hygrométrique. Il paraît préférable de faire l'immersion dans l'alcool dissolvant du sublimé corrosif (bichlorure de mercure) au centième, au demi-centième ou au millième, en laissant tremper d'autant moins longtemps qu'il y a moins de sel mercuriel. Le sujet est inaltérable à la dent des insectes et à la moisissure ; mais il faut éviter de

[1] Maurice Girard, *Traité élémentaire d'Entomologie*, t. I, p. 140.

ternir les couleurs et de les recouvrir d'un enduit blanchâtre. Il ne faut laisser tremper qu'une à deux heures au plus, en détachant l'épingle, qui serait trop attaquée.

« Surtout qu'on fasse attention au danger de ces solutions, principalement celle au centième, poison violent qui peut s'absorber par les doigts, si l'on opère sans gants de peau; on a vu des accidents survenir après l'empoisonnement des herbiers par cette solution. L'alcool avec sublimé au centième est très bon pour préserver, outre les herbiers entomologiques, les nids d'insectes, les échantillons de bois et végétaux attaqués, les chrysalides sèches, les chenilles soufflées. Pour les Lépidoptères et en général pour les insectes à ailes étalées on trempera seulement le corps. Ce moyen ne peut s'employer pour les insectes très poilus ou couverts de très délicates écailles. »

Le mieux est encore de conserver les collections à l'abri de la lumière, dans un endroit bien sec, et de les examiner souvent. Dès qu'on aperçoit sous un insecte un petit tas de poussière, on peut être sûr qu'il est attaqué par un parasite : il faut de suite l'enlever, le badigeonner, ou mieux le plonger dans un bain de benzine.

Tournage au gras. — Quand les papillons contiennent des matières grasses, il n'est pas rare de voir se développer dans la région de l'épingle traversée et sur le corps de l'insecte, de l'oxyde de cuivre. Celui-ci remplit le corps de l'insecte, le fait éclater ou, plus souvent, s'épanche au dehors et vient envahir la surface de l'échantillon : on dit alors que le papillon « tourne au gras ». Quand cet accident arrive, on plonge l'insecte dans de la benzine, puis on le prépare dans une petite boîte remplie d'argile smectique.

Détermination des papillons. — Il existe, pour déterminer les Coléoptères, un grand nombre de monographies que nous n'avons pas à énumérer ici. Nous nous contenterons de signaler, parmi les ouvrages élémentaires généraux sur la faune française : *les Lépidoptères*, par Berce, le *Traité élémentaire d'Entomologie*, par Maurice Girard. On trouvera aussi dans Brehm, *Merveilles de la nature*, *Les Insectes*, édition française, par Kunckel d'Herculais, de nombreux renseignements sur les caractères et les mœurs des papillons.

Il y a aussi des entomologistes éclairés qui veulent bien guider les débutants et déterminer les papillons qu'on leur soumet. Il y a aussi des industriels qui se chargent du même travail moyennant rétribution.

Catalogues. — Il est bon de rassembler dans un carnet les noms des espèces que l'on possède. On peut à cet effet copier dans un carnet le nom de tous les genres en laissant au-dessous d'eux des espaces plus ou moins grands où l'on inscrit les espèces au fur et à mesure qu'on les obtient.

Nous préférons de beaucoup la méthode suivante : elle consiste à se procurer un *Catalogue* de papillons et de marquer d'une façon quelconque les espèces que l'on a en collection. Le mieux est de mettre sur le nom en question un trait au crayon rouge ou bleu, assez léger pour laisser voir les caractères imprimés au travers. Nous recommanderons particulièrement le *Catalogue des papillons de France*, par M. Gustave Panis.

Échanges. — Évidemment les papillons que l'on récolte par soi-même sont de beaucoup les plus intéressants. Mais, pour se procurer les espèces qui ne vivent pas dans la localité que l'on habite, il est nécessaire, pour les obtenir, de faire des échanges. Il existe diverses publications qui permettent de se mettre en rapport avec les entomologistes éloignés : nous citerons seulement *la Feuille des Jeunes Naturalistes*, *le Naturaliste*, *l'Ami des sciences Naturelles* et les *Miscellanea Entomologica*.

Quand on s'est entendu avec un correspondant, on s'envoie réciproquement les listes d'*oblata* et on se les renvoie, après avoir marqué d'une petite croix *au crayon* (pour qu'on puisse l'effacer à la gomme) les espèces que l'on désire.

On fabrique des boîtes fort légères pour envoi

par la poste. La figure 124 représente un modèle
très commode, capitonné à l'intérieur et contenant
une boîte tout en liège. De cette façon, les chocs sont
en partie amortis. On peut aussi se servir d'une
boîte de bois ordinaire, avec un fond *épais* de liège,
et que l'on emballe dans du coton. Il est bon de pi-

FIG. 124. — Boîte pour envoi par la poste.

quer à l'*intérieur* de la boîte des bandes d'ouate,
à laquelle s'accrochent les fragments d'insectes qui
viennent à être cassés par les chocs des chemins de
fer. Quand les papillons sont volumineux, il est bon
de détacher leur abdomen et de les mettre à part,
avec un numéro d'ordre, dans une boîte remplie
d'ouate.

FIN

TABLE DES MATIÈRES

TABLE ALPHABÉTIQUE

AMYOT. — **Entomologie française.** Rhyncotes. 1 vol. in-8 de 500 pages avec 5 pl. . . . . 8 fr.

BONVOULOIR (H. de). — **Monographie de la famille des Eucnémides.** 1 vol. in-8, 908 pages, avec 42 pl. . . 24 fr.

BREHM. — **Les Insectes, les Myriapodes et les Arachnides.** Édition française par J. KUNCKEL D'HERCULAIS, aide naturaliste au Muséum. 2 vol. gr. in-8, avec 2060 figures et 36 pl. 24 fr. — Le même, 2 vol. gr. in-8, reliés. . . . . 34 fr.

GIRARD (Maurice). — **Les Insectes. Traité élémentaire d'entomologie,** comprenant l'histoire des espèces utiles et de leurs produits, des espèces nuisibles et des moyens de les détruire, l'étude des métamorphoses et des mœurs, les procédés de chasse et de conservation, par Maurice GIRARD, président de la Société entomologique de France, 1885, 3 vol. in-8 de 900 p. chacun et 1 atlas de 118 pl., gravées en taille douce. cart. Figures noires. 100 fr. Figures coloriées. . . . . 170 fr.

— **Les Abeilles.** Organes et fonctions, éducation et produits, miel et cire. 3e *édition.* 1890, 1 vol. in-16 de VIII-320 pages, avec 86 fig. (*Bibliothèque scientifique contemporaine*). . . 3 fr. 50

GORY (H.) et PERCHERON (A.). — **Monographie des Cétoines et genres voisins.** 1 vol. in-8 de 410 pages, avec 77 pl. coloriées . . . . 60 fr.

GUÉRIN-MENEVILLE (F.-E.). — **Revue de sériciculture comparée,** 5 vol. in-8. . . . . 20 fr.
— **Travaux entrepris pour introduire le ver à soie** de l'ailante en France et en Algérie. gr. in 8, 100 pages. . . 2 fr.
— **Progrès de la culture de l'ailante** et de l'éducation du ver à soie. gr. in-8, 104 pages, avec pl. . . . . 2 fr.

GUÉRIN-MENEVILLE et PERCHERON (A.). — **Genera des insectes,** ou exposition détaillée de tous les caractères propres à chacun des genres de cette classe d'animaux, 1 vol. in-8, avec 60 pl. col. cart. . . . . 20 fr.

MONTILLOT. — L'Amateur d'insectes. Caractères et mœurs des insectes, chasse, préparation et conservation des collections. Introduction par le professeur LABOULBÈNE, ancien président de la Société entomologique. 1890, 1 vol. in-18 jésus de 352 pages, avec 197 figures, cart. *(Bibliothèque scientifique contemporaine)*.   4 fr.

— **Les Insectes nuisibles** aux forêts, aux céréales et à la grande culture, à la vigne, au verger, au jardin fruitier, au potager et au jardin d'ornement. 1891, 1 vol. in-18 jésus de 306 p., avec 156 fig., cartonné *(Biblioth. scient. contemp.)*. . . . . 4 fr.

NICOLET. — Histoire naturelle des Acariens qui se trouvent aux environs de Paris. 1 vol. in-4, 100 p., avec 10 pl. col. 12 fr.

PERCHERON (A.). — Bibliographie entomologique. 2 vol. in-8. . . . . 4 fr.

THOMSON (James). — Archives entomologiques, recueil contenant des illustrations d'insectes nouveaux ou rares. 2 vol. gr. in-8 de 500 pages chacun, avec 35 planches. Fig. noires. (60 fr.): . . . . 15 fr.
Fig. coloriées (75 fr.). . . . . 30 fr.

— **Arcana naturæ** ou Recueil d'histoire naturelle. 1 vol. in-folio, avec 12 pl. noires. (60 fr.). . . . . 20 fr.
Fig. color. (75 fr.). . . . . 35 fr.

— **Essai d'une classification de la famille des Cérambycides.** 1 vol. gr. in-8, 396 p., avec 3 pl. (30 fr.). . . 8 fr.

— **Monographie des Cicindélides** 1 vol. in-4, avec 18 pl. 8 fr.

— **Histoire naturelle des insectes et arachnides recueillis au Gabon.** 1 vol. in-4 de 467 pages, avec 15 pl. color. 40 fr.

VIGNON (L.). — La Soie, au point de vue scientifique et industriel, par L. VIGNON, sous-directeur de l'École de chimie industrielle de Lyon. 1890, 1 vol. in-18 jésus de 370 p., avec 81 fig. cart. *(Bibliothèque des connaissances utiles)* . . . . 4 fr.

Les Fils d'Émile DEYROLLE, Naturalistes, Succ^{rs}

46, RUE DU BAC, PARIS

Usine à Vapeur : 9, rue Chanez, Paris-Auteuil

INSTRUMENTS

POUR LA CHASSE DES PAPILLONS

ET LEUR RANGEMENT EN COLLECTION

(Extrait du catalogue général des instruments)

Boîte à épingles (fig. 1) en acajou, pouvant contenir six grosseurs sans que les épingles puissent se mélanger, même en voyage. 1 85

   La même avec 500 épingles argentées assorties . . . 3 25

   La même avec 500 épingles ordinaires assorties . . . 2 50

   La même avec 1.000 épingles argentées assorties.. . . 4 50

   La même avec 1.000 épingles ordinaires assorties . . . 3 25

Fig. 1.

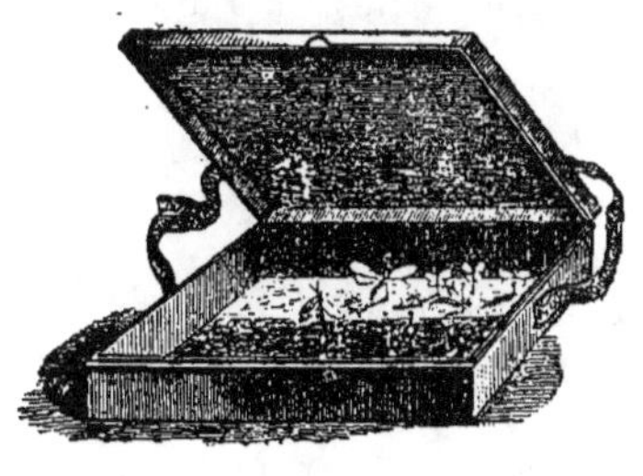

Fig. 2.

Boîte carrée (fig. 2) en fer-blanc, pour la chasse, grand modèle (17 cent. sur 20 cent.) non vernie, avec courroie en toile. 4 70

   La même vernie vert . . . 5 50

   La même, modèle avec courroie en cuir, en plus. . 2 »

   Petit modèle (de 12 cent, sur 17 cent.) non vernie, avec courroie en toile. . 3 50

   La même, vernie vert . . 3 50

Le même modèle, avec courroie en cuir en plus. . . . . . 2 »

Cartons à insectes de fabrication ordinaire bonne qualité :
Petit format, 26 cent. sur 19 1/2 et 6 de haut.
Nº 1 *bis*. Dessus du couvercle en carton, avec charnières. . . 1 50
» 2 *bis*. Dessus du couvercle vitré. 1 85
Grand format, 39 cent. sur 26 et 6 de haut.
Nº 3 *bis*. Couvercle sans charnières, dessus en carton. . . . . 2 »
» 4 *bis*. — — vitré. 2 50
» 5 *bis*. Couvercle avec charnière, dessus en carton. 2 25
Nº 6 *bis*. — — vitré 2 50

Cartons de fabrication spéciale de la maison, très soignés :

Cartons à gorge simple :
Petit format, 26 cent. sur 19 1/2 et 6 de haut, couvercle à charnière.
Nº 1. Dessus du couvercle en carton. . . . . 2 »
» 2. Dessus du couvercle vitré. 2 25
Grand format, 39 cent. sur 26 et 6 de haut.
Nº 3. Couvercle sans charnière, dessus en carton. . . . . . . 3 »
» 4. — — dessus vitré. 3 50
» 5. Couvercle avec charnière, dessus en carton. 3 25
» 6. — — dessus vitré. 3 75

Cartons liégés à double gorge (fabrication très soignée). Bre-
vetés s. g. d. g.
Petit format de 26 cent. sur 19 1/2 et 6 de haut, couvercle à charnière.
Nº 7. Dessus du couvercle en carton. 2 25
» 8. Dessus du couvercle vitré. 2 50
Grand format, 39 cent. sur 26 et 6 de haut.
Nº 9. Couvercle sans charnière, dessus en carton 3 25
» 10. — — dessus vitré. 3 75
» 11. Couvercle avec charnière, dessus en carton. 3 50
» 12. — — dessus vitré. . . . . . . 4 »
Les mêmes avec crochets et anneaux pour pouvoir les accrocher
au mur, en plus . . . . » 50

Cartons liégés doubles, c'est-à-dire liégés sur le fond et sur le
couvercle, pour piquer les insectes des deux côtés, mesurant
26 sur 19 1/2 et 6 de haut.
Nº 13. Sans double gorge. 2 50
» 14. Avec double gorge 3 50

Cartons de poche, ovales, le fond garni d'agavé :
Grand modèle de 13 cent. sur 9 cent., hauteur 6 cent. . . . 1 50
Moyen modèle de 13 cent. sur 8 cent. hauteur 6 cent. . . . 1 25
Petit modèle de 9 cent. sur 5 cent., hauteur 6 cent. . . . . . 1 »

Casiers pour étaloirs, ces casiers sont destinés à recevoir les
étaloirs contenant des papillons en préparation ; les côtés sont
à jour pour permettre à l'air de circuler facilement ; mesurant
0 50 × 0 60 + 0 50.
En bois noir. 12 »
En chêne ciré. . . . . 18 »

Ecorçoir ordinaire. 2 50
—   poli, manche verni 3 50
—   pliant Deyrolle (fig. 3) . . . . 8 »

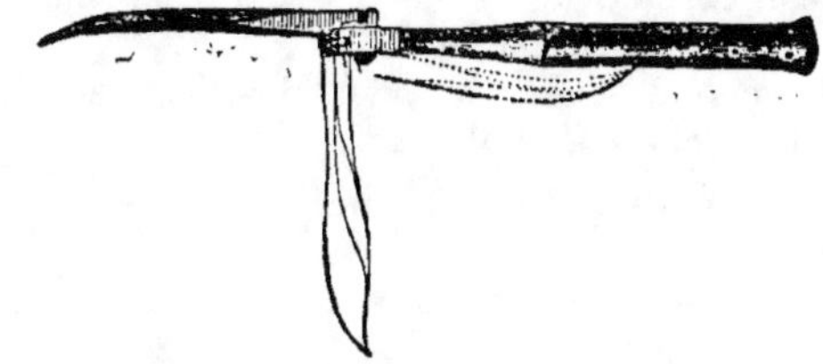

Fig. 3

Epingles à insectes perfectionnées, fabrication française, de 36 à 42 millimètres de longueur :

	le cent	le mille
Nos 1,	0 25	2 25
» 2,	— 0 25	— 2 »
» 3, 4, 5, 6, 7, 8, 9,	— 0 20	— 1 75
» 10,	— 0 25	— 2 »

Epingles à insectes, fabrication supérieure d'Autriche, **vernies noires** ou **blanches** de 36 millimètres de longueur (les numéros 1 et 2 ne se vendent que par 500).

	le mille	
Nos 1, 2,	le mille 4 »	les 5 0 2 20
» 3,	— 3 40	le cent 0 45
» 4,	— 3 25	— » 40
» 5, 6, 7, 8,	— 3 »	— » 40

Epingles à insectes argentées, de 36 à 42 millimètres de longueur, fabrication française.

Nos 1, 2, 3, 4,	le mille 2 75	No 7, le mille 3 50
» 5, 6,	— 3 10	» 8, — 3 80

Epingles nickel, fabrication française de 36 à 42 millimètres de longueur.

	le mille	le cent
Nos 1 et 2,	le mille 3 »	le cent 0 35
» 3 et 4,	— 3 25	— 0 40
» 5 et 6,	— 3 50	— 0 40
» 7 et 8,	— 3 75	— 0 45
» 9 et 10,	— 4 »	— 0 45

Epingles sans têtes, courtes, pour **Microlépidoptères** : en argent ou en acier, les 500 . . . . 5 »

Epingles d'acier à tête d'émail pour étaler les papillons :
Le mille, 4 »   le cent, » 50

Epingles camion, pour fixer les étiquettes dans le fonds des boîtes, le mille. 0 55

Filet à ressort (b. s. g. d. g.) pour la chasse aux papillons :

Nos 8.	Grand modèle, canne en 1 morceau	3 90
» 8 bis.	— — 2 —	4 30
» 8 ter.	— — 3 —	4 70

N° 9.	Petit modèle, canne en 1 morceau		3 25
» 9 *bis*.	— — 2 —		3 65
» 9 *ter*.	— — 3 —		4 »
Grand modèle, cercle seul. . . 1 25	Poche seule.		2 50
Le cercle et la poche ensemble			2 90
Petit modèle, cercle seul . . . 1 25	Poche seule.		1 75
Le cercle et la poche ensemble			2 40

Filets à papillons : Prix des Filets complets :

Grand modèle :

N°s 1.	Cercle se pliant en 2 part. canne en 1 morc., avec poche.		4 50
» 1 *bis*.	— — 2 — —		4 90
» 1 *ter*.	— — 3 — —		5 30
» 2.	Cercle se pliant en 4 part., canne en 1 morc., avec poche.		5 »
» 2 *bis*.	— — 2 — —		5 40
» 2 *ter*.	— — 3 — —		5 80

Petit modèle :

N°s 3.	Cercle se pliant en 2 part., canne en 1 morc., avec poche.		3 50
» 3 *bis*.	— — 2 — —		3 90
» 3 *ter*.	— — 3 — —		4 30
» 4.	Cercle se pliant en 4 part., canne en 1 morc., avec poche.		4 »
» 4 *bis*.	— — 2 — —		4 40
» 4 *ter*.	— — 3 — —		4 80

Nouveau modèle, cercle très fort fixé par un écrou :

N°s 5.	Cercle se pliant en 2 part., canne en 1 morc., avec poche.		5 50
» 5 *bis*.	— — 2 — —		5 90
» 5 *ter*.	— — 2 — —		6 30

Filets à cercle fixe :

N°s 6. Cercle fixé à la canne, poche en tulle blanc		1 25
» 7. — poche en gaze verte.		1 75

Parties des filets se vendant séparément :

Poches en gaze de soie, filet n°s 1 et 2 (gr. mod).		2 50
— — 3 et 4 (pet. mod.)		1 75
— — 5 (nouv. mod.)		3 »
Poches en tulle blanc, filet n° 6.		0 75
— en gaze verte, filet n° 7.		1 »
Cercle se pliant en 2 part , pour filets n°s 1, 2, 3, 4.		1 25
— 4 — — —		1 50
— 2 — — 5.		1 50
Douilles en cuivre pour filets n°s 1, 2, 3, 4.		0 75
— — — 8, 9		0 75
— — — 5		1 50

Cannes avec douilles pour filets n°s 1, 2, 3, 4, 8, 9 :

En une seule partie ne se démontant pas		1 25
Pour filet n° 5		2 »
En 2 parties se démontant, 1 65. — Pour filet n° 5.		2 40
En 3 parties se démontant, 2 80. — Pour filet n° 5		2 80